Wissenschaftliche Reihe Fahrzeugtechnik Universität Stuttgart

Reihe herausgegeben von

André Casal Kulzer, Stuttgart, Deutschland

Hans-Christian Reuss, Stuttgart, Deutschland

Andreas Wagner, Stuttgart, Deutschland

Das Institut für Fahrzeugtechnik Stuttgart (IFS) an der Universität Stuttgart forscht interdisziplinär sowie technologieoffen an modernen und zukunftsorientierten Fahrzeugkonzepten. In enger Zusammenarbeit mit Partnern aus Industrie und Wissenschaft entstehen neue Lösungen für die Mobilität der Zukunft. Das Institut gliedert sich in drei spezialisierte Lehrstühle, die gemeinsam das gesamte Spektrum der Fahrzeugtechnik abdecken:Der **Lehrstuhl für Fahrzeugantriebssysteme** widmet sich der Forschung nachhaltiger Antriebslösungen für künftige Mobilitätskonzepte. Im Fokus stehen alternative, elektrische sowie hybride Antriebssysteme und deren Komponenten – einschließlich der Nutzung nachhaltiger Energieträger wie Wasserstoff, synthetischer Kraftstoffe und Batterien. Der **Lehrstuhl für Kraftfahrzeugmechatronik** beschäftigt sich mit vernetzten, intelligenten und adaptiven Fahrzeugen. Im Zentrum stehen Fragestellungen zum Automatisierten und Vernetzten Fahren, Diagnose, Ladetechnologien, verteilte Systeme sowie softwarebasierte Fahrzeugfunktionen. Der **Lehrstuhl für Kraftfahrwesen** erforscht die physikalischen Grundlagen der Auslegung zukünftiger Fahrzeugkonzepte. Im Mittelpunkt stehen die Bereiche Aerodynamik, Windkanaltechnik, Akustik/NVH, Fahrzeugdynamik, Reifenmanagement und Thermomanagement Gesamtfahrzeug. Das IFS verfügt über eine vielfältige und hochmoderne Forschungsinfrastruktur, die realitätsnahe Untersuchungen vom Einzelbauteil bis zum Gesamtfahrzeug ermöglicht. Besonders hervorzuheben sind der Multikonfigurations- und Antriebsprüfstand für komplexe Antriebskonzepte, der Stuttgarter Fahrsimulator zur Untersuchung menschlichen Fahrverhaltens, der Aeroakustik-Fahrzeugwindkanal für akustische und strömungstechnische Fragestellungen sowie der Thermowindkanal zur Analyse thermischer Prozesse im Gesamtfahrzeug. Die wissenschaftliche Reihe „Fahrzeugtechnik Universität Stuttgart“ dokumentiert die im Rahmen von Promotionen am IFS entstandene Beiträge zur Mobilität der Zukunft und zeigt deren thematische Vielfalt, methodische Tiefe und Praxisrelevanz.

Reihe herausgegeben von

Prof. Dr.-Ing. André Casal Kulzer
Lehrstuhl für Fahrzeugantriebssysteme
Institut für Fahrzeugtechnik Stuttgart
Universität Stuttgart
Stuttgart, Deutschland

Prof Dr.-Ing. Andreas Wagner
Lehrstuhl für Kraftfahrwesen
Institut für Fahrzeugtechnik Stuttgart
Universität Stuttgart
Stuttgart, Deutschland

Prof. Dr.-Ing. Hans-Christian Reuss
Lehrstuhl für
Kraftfahrzeugmechatronik
Institut für Fahrzeugtechnik Stuttgart
Universität Stuttgart
Stuttgart, Deutschland

Andreas Dieing

Optimierung und Applikation des Lenkungs-Feedbacks in der Fahrsimulation unter Anwendung von künstlicher Intelligenz

Springer Vieweg

Andreas Dieing
IFS, Fak. 7, Konstruktions-, Produktions-
und Fahrzeugtechnik
Universität Stuttgart
Stuttgart, Deutschland

Zugl.: Dissertation Universität Stuttgart, 2025
D93

ISSN 2567-0042 ISSN 2567-0352 (electronic)
Wissenschaftliche Reihe Fahrzeugtechnik Universität Stuttgart
ISBN 978-3-658-50558-5 ISBN 978-3-658-50559-2 (eBook)
https://doi.org/10.1007/978-3-658-50559-2

Die Deutsche Nationalbibliothek verzeichnet diese Publikation in der Deutschen Nationalbibliografie; detaillierte bibliografische Daten sind im Internet über https://portal.dnb.de abrufbar.

Planung/Lektorat: Carina Reibold
Springer Vieweg ist ein Imprint der eingetragenen Gesellschaft Springer Fachmedien Wiesbaden GmbH und ist ein Teil von Springer Nature.
Die Anschrift der Gesellschaft ist: Abraham-Lincoln-Str. 46, 65189 Wiesbaden, Germany

Vorwort / Danksagung

Die vorliegende Arbeit entstand während meiner Tätigkeit als wissenschaftlicher Mitarbeiter am Forschungsinstitut für Kraftfahrwesen und Fahrzeugmotoren Stuttgart (FKFS) auf dem Arbeitsgebiet der Kraftfahrzeugmechatronik und am Stuttgarter Fahrsimulator.

Mein besonderer Dank gebührt Herrn Prof. Dr.-Ing. H.-C. Reuss, dem Leiter des Lehrstuhls Kraftfahrzeugmechatronik am Institut für Fahrzeugtechnik Stuttgart (IFS), für die Unterstützung und Förderung meiner Arbeit. Des Weiteren möchte ich mich für die Bereitschaft zur Übernahme des Mitberichts bei Herrn Prof. Dr.-Ing. Wolfram Remlinger vom Institut für Konstruktionstechnik und Technisches Design (IKTD) bedanken.

Ganz besonders möchte ich mich bei meinem Team des Stuttgarter Fahrsimulators, insbesondere meinem direkten Vorgesetzten Dr.-Ing. Gerd Baumann, für die Unterstützung und das Vertrauen bedanken. Sie sorgten für die notwendige Grundlage und Rahmenbedingungen zum Gelingen dieser Arbeit. Außerdem bedanke ich mich bei meinen Kollegen des Fachbereichs Kraftfahrzeugmechatronik und den Mitarbeitern des Werkstattbereichs für die gemeinsame Zeit und den fachlichen Austausch.

Zuletzt möchte ich mich bei meiner Herzensdame Sabrina Patrizia und meiner Schwiegerfamilie als auch bei meiner Familie, insbesondere bei meinen Eltern und meiner Schwester, sowie meiner Verwandtschaft im Ortsteil von Altusried, Landkreis Oberallgäu, für die bodenständige und willensstarke Erziehung sowie die mentale Unterstützung der letzten Jahre bedanken.

Stuttgart | Andreas Dieing

Inhaltsverzeichnis

Abbildungsverzeichnis

Tabellenverzeichnis

Abkürzungsverzeichnis

A	Adaptions-Netz-Konfiguration
ARD	Automatic Relevance Determination
AR	Anomalie-Robustheits-Filter
BFGS	Broyden-Fletcher-Goldfarb-Shanno
DoF	Freiheitsgrad, Degree of Freedom
dp	Dual Pinion
DWT	Diskrete Wavelet-Transformationen, Discrete Wavelet- Transform
EI	Expected Improvement
EPS	Elektrisches Lenksystem, Electric Power Steering
EPSapa	Elektrisches Lenksystem achsparallel, Electric Power Steering Axially Parallel
EPSdp	Elektrisches Lenksystem mit zwei Ritzeln, Electric Power Steering Dual Pinion
ESF	Exponentielle Feder-Reibung, Exponential Spring Friction
ESF-M	Exponentielle Feder-Reibung mit Maxwell-Element, Exponential Spring Friction with Maxwell-Element
ESF-tan	Exponentielle Feder-Reibung mit tanh-Element, Exponential Spring Friction with tanh-Element
FASI	Fahrsimulator
FFS	Force-Feedback-System
FKFS	Forschungsinstitut für Kraftfahrzeuge und Fahrzeugmotoren Stuttgart
FFNN	Vorwärtsgerichtetes neuronales Netz, Feed Forward Neural Network
FT	Fourier-Transformationen, Fourier transform
GmbH	Gesellschaft mit beschränkter Haftung
GP	Gauß-Prozess, Gauß Process
GPR	Gauß-Prozess-Regression, Gauß Process Regression
HMI	Mensch-Maschine-Schnittstelle, Human-Machine-Interface
HPS	Hydraulisches Lenksystem, Hydraulic Steering System

HRW	Fahrdynamik-Prüfstand, Handling-Roadway Test Bench
IDWT	Inverse diskrete Wavelet-Transformationen, inverse discrete wavelet transform
IFS	Institut für Fahrzeugtechnik Stuttgart
IKTD	Institut für Konstruktionstechnik und Technisches Design
ISO	International Organization for Standardization
LuGre	Lund-Grenoble
MAE	Mittlerer absoluter Fehler, Mean Absolute Error
MSE	Mittlerer quadratischer Fehler, Mean Squared Error
NN	Neuronales Netz, Neural Network
OEM	Erstausrüster, Original Equipment Manufacturer
ReLU	Rectifier-Funktion
RMSE	Quadratwurzles des mittleren Fehlerquadrats, Root Mean Squared Error
RWA	Radaktuator, Road Wheel Actuator
S	Skalierungsalgorithmus
SbW	Steer-by-Wire
SF	Hilfskraftunterstützungsfunktion, Support Function
SFA	Lenkaktuator, Steering Feedback Actuator
SR	Zahnstange, Steering Rack
STFT	Kurzzeit-Fourier-Transformationen, short-time Fourier- transform
STW	Lenkrad, Steering-Wheel
SUV	Sport Utility Vehicle
Tanh	Hyperbolischer Tangens, tangens hyperbolicus
TB	Torsionsdrehstab, Torsion Bar

Formelverzeichnis

Formelzeichen	Größe	Einheit
a	Skalierungsparameter der Wavelet-Mutterfunktion	-
α_1	Beugungswinkel des Kreuzgelenks 1	rad, °
α_2	Beugungswinkel des Kreuzgelenks 2	rad, °
a_y	Querbeschleunigung eines Fahrzeugs	m/s^2
a_z	Vertikalbeschleunigung eines Fahrzeugs	m/s^2
b	Translationsparameter der Wavelet-Mutterfunktion	-
b_{NN}	Bias eines Neurons	-
β	Verdrehwinkel der Gelenkebenen eines Kardangelenks	rad, °
c	Weber-Quotient	-
c_D	Dämpfungskoeffizient	-
c_{ESF}	Federsteifigkeit des ESF-Elements	N/m
c_M	Gradient des Maxwell-Elements	Ns/m
c_ν	Viskose Reibkonstante	-
c_S	Stribeck Formfaktor	-
c_{SS}	Gesamtsteifigkeit des Lenksystems auf Zahnstangenebene	N/m
c_{TB}	Torsionsdrehstabsteifigkeit	Nm/°
$c_{TB,lin}$	Torsionsdrehstabsteifigkeit auf Zahnstangenebene	N/m

c_{tanh}	Gradient des Tanh-Elements	s/m
c^*	Ersatzsteifigkeit des Lenksystems auf Zahnstangenebene	N/m
c_{SS}^*	Ersatz-Reststeifigkeit des Lenksystems auf Zahnstangenebene	N/m
γ	Versatzwinkel der Gelenkebenen eines Kardangelenks	rad, °
d^*	Ersatzdämpfung	Ns/m
d'	Anzahl der Dimensionen in $K_{M52}(x, x')$	-
δ_P	Ritzelwinkel	rad, °
δ_{STW}	Lenkradwinkel	rad, °
$\dot{\delta}_{STW}$	Lenkradwinkelgeschwindigkeit	°/s
$\ddot{\delta}_{STW}$	Lenkradwinkelbeschleunigung	°/s²
δ_{TB}	Verdrehwinkel am Torsionsdrehstab	rad, °
ΔJ	Änderungswert vom Gütemaß J	-
ΔM	Änderung des Drehmoments	Nm
ΔR	Reizunterschied	-
$\Delta\tau$	Fensterbreite der Fourier-Transformation	-
Δf	Frequenzauflösung der Fourier-Transformation	-
E	Effizienzmaß	-
e_i	Fehler zwischen Soll- und Ist-Ausgang beim Trainieren eines neuronalen Netzes	-
F	Parameterraum	-
F_C	Coulomb'sche Reibkraft	N

F_{ESF}	Kraft des ESF-Elements	N
$F_{ESF\text{-}M}$	Kraft des ESF-M Elements	N
$F_{ESF,max}$	Maximale Kraft des ESF-Elements	N
$F_{ESF\text{-}tanh}$	Kraft des ESF-Tanh-Elements	N
F_{LuGre}	Kraft des Lund-Grenoble-Reibmodells	N
$F_{M,max}$	Maximale Kraft des Maxwell-Elements	N
F_M	Kraft des Maxwell Elements	N
F_S	Statische Reibkraft	N
F_{SF}	Unterstützungskraft auf der Zahnstange	N
F_{SR}	Zahnstangenkraft	N
F_{tanh}	Kraft des Tanh-Elements	N
$F_{tanh,max}$	Maximale Kraft des Tanh-Elements	N
$f(x)$	Gauß-Kurve, Nichtlineare-Zielfunktion	-
$f_D(\tau)$	Dämpfungsfunktion des Lund-Grenoble-Reibmodells	Ns/m
f_{SF}	Funktionswerte der Hilfskraft-unterstützung (Support Function, sf)	-
f_{STW}	Lenkradwinkelfrequenz	1/s, Hz
$f_v(\tau)$	Viskoser Reibanteil des Lund-Grenoble-Reibmodells	N
g	Nichtlineare Aktivierungsfunktion eines Neurons	-
η	Lernrate	-
$h(\tau)$	Stribeck-Funktion	N

$h(z_j)$	Ausgang eines Neurons in Abhängigkeit des Eingangs z_j	-
θ_0	Amplitude der Varianz	-
$\theta_{1:d'}$	Glattheit der Funktionen je Dimension	-
I_{Mot}	Rotatorische Trägheit des Motors im Mockup mit Force-Feedback-System des Stuttgarter Fahrsimulators	kgm^2
I_{NN}	Eingangsvektor neuronales Netz	-
I_{SC}	Rotatorische Trägheit der Lenksäule im Mockup mit Force-Feedback-System des Stuttgarter Fahrsimulators	kgm^2
$I_{STW,FASI}$	Rotatorische Trägheit des Force-Feedback-Systems im Mockup mit Force-Feedback-System des Stuttgarter Fahrsimulators	kgm^2
i	Übersetzung des Lenkgetriebes	-
i^*	Lenkübersetzung zwischen Lenkrad und Zahnstange	-
J	Gütemaß zur Bewertung des Lenkgefühls	-
j	Laufindex	-
$K_{M52}(x, x')$	Automatic Relevance Determination (ARD) Matérn 5/2 Kernel	-
K_{xy}	Kovarianz der Variablen x und y	-
$k(x, x')$	Kovarianzfunktion	-
$L(\theta)$	Verlustfunktion beim Trainieren eines neuronalen Netzes in Abhängigkeit der Parameter θ	-

$L_2(\theta)$	Verlustfunktion beim Trainieren eines neuronalen Netzes in Abhängigkeit der Parameter θ mit L2-Regularisierung	-
l	Anzahl Spalteneinträge	-
λ	Regularisierungsstärke	-
M_{Reib}	Reibmoment des Lenksystems im Mockup mit Force-Feedback-System des Stuttgarter Fahrsimulators	Nm
MAE	Mean Absolute Error Wert	-
MSE	Mean Squared Error Wert	-
M_{STW}	Lenkradmoment	Nm
M'_{STW}	Lenkradmoment aus einem Teil der Software-Lenkungsmodelle	Nm
$\widetilde{M}_{STW}$	Lenkradmoment aus den Fahrzeug-Messdaten	Nm
$\dot{M}_{STW}$	Gradient des Lenkmoments	Nm/s
$M_{STW,stör}$	Lenkmomenten-Störgröße	Nm
M_{TB}	Drehmoment am Torsionsdrehstab	Nm
$m(x)$	Erwartungswertfunktion	-
m_{SR}	Masse der Zahnstange	kg
m^*	Äquivalente translatorische Masse	kg
μ	Erwartungswert	-
n	Allgemein Anzahl	-
ν	Viskoser Reibkoeffizient	Ns/m
ν_D	Dämpfungsreibkoeffizient	Ns/m

O_{NN}	Ausgangsvektor neuronales Netz	-
P(A)	Allgemein Wahrscheinlichkeit von "A"	-
q	Nichtlineare Abbildung eines Neurons in Abhängigkeit des Eingangs z_j	-
R	Grundreiz	-
R^2	Bestimmtheitsmaß	-
R_{L2}	Ridge- oder L2-Regularisierung	-
RMSE	Root Mean Squared Error Wert	Nm
r	Pearson-Korrelation	-
r_P	Ritzelradius	m
S	Allgemein Signal, Funktionswerte eines Signals	-
s_{el}	Absolut umgesetzter und gemessener Stangenweg	m
$s_{SR,cpl}$	Aus dem Lenkradwinkel berechneten gesamte Zahnstangeweg	m
$s_{SR,meas}$	Wegverlusts durch Material und Lagersteifigkeiten des Lenkgetriebegehäuses	m
s_{SR}	Zahnstangenweg	m
σ	Standardabweichung	-
σ^2	Varianz	-
$\sigma_{x,y}^2$	Stichprobenvarianz	-
σ_B	Borstensteifigkeit des Lund-Grenoble-Reibmodells	N/m,
T	Schwellwertfunktion der Wavelet-Transformation	-

t	Allgemein Zeit	s
τ	Relativgeschwindigkeit zweier Oberflächen	m/s
τ_D	Dämpfungsgeschwindigkeit	m/s
τ_S	Stribeck-Geschwindigkeit	m/s
φ_1	Eingangsdrehwinkel des Kardangelenks 1	rad, °
φ_2	Ausgangsdrehwinkel des Kardangelenks 2	rad, °
W_j	Summe der Gewichte einer Schicht	-
w_j	Gewichtung eines Neurons	-
$W_{\hat{x}}$	Entrauschte Signaldaten	-
W_y	Verrauschte Signaldaten	-
x	Allgemein Weg der Reibmodelle, Parameter, Allgemein Variable	m,-
$x(\cdot)$	Mittlere Borstenverformung des Lund-Grenoble-Reibmodells	m
$\dot{x}(\cdot)$	Mittlere Borstenverformungsgeschwindigkeit des Lund-Grenoble-Reibmodells	m/s
$\bar{x}$	Arithmetisches Mittel	-
$\dot{x}$	Auslenkungsgeschwindigkeit	m/s
x_j	Merkmalssumme	-
x_j	Stützstellen der GP	-
y	Allgemein Variable	-
y_j	Istwert einer Variablen y	-

$\tilde{y}_j$	Sollwert einer Variablen y	-
$\dot{\psi}$	Gierrate eines Fahrzeugs	rad/s, °/s
Ψ	Wavelet-Funktion	-
Ψ_{ab}	Wavelet-Mutterfunktion mit Skalierungs- und Translationsparameter	-
z_j	Ausgang der vorherigen Schicht in einem neuronalen Netz	-

Zusammenfassung

Die ingenieursseitige Entwicklungsarbeit in der Automobilindustrie erfordert die frühzeitige Erprobung und Applikation verschiedenster Fahrfunktionen. Seit einigen Jahren kommen vermehrt Fahrsimulatoren zum Einsatz. Um das reale Fahrverhalten möglichst realitätsnah abzubilden, muss eine korrekte und verzugsfreie haptische Rückmeldung der Fahrer-Fahrzeug-Schnittstellen erfolgen. In dieser Arbeit ist ein erweitertes Lenkungs-Feedback-Modell inklusive Schwingungsanregung von Lenkrad und Fahrzeug-Mockup aufgezeigt. Ein komplett physikalisches Lenkungssystem ist aufgrund fehlender Parameterkenntnisse und beschränkter Rechenzeit nicht umsetzbar. Ein reduziertes physikalisches Lenkungsmodell wird um mehrere neuronale Netze zu einem hybriden Lenkungs-Feedback-Modell ergänzt. Dieses ist als Open-Loop-Modell aufgebaut, das ausschließlich den Lenkradwinkel als Eingabe des Fahrers verwendet, um ein Lenkradmoment zu generieren. Das hybride Lenkungsmodell ist im On-Center-Bereich valide, der bis zu einer Fahrzeug-Querbeschleunigungen von 2 m/s^2 definiert ist. Die Berechnung des Lenkradmoments erfolgt intern und latenzfrei. Für die neuronalen Netze kommen Messdaten eines elektromechanischen Lenksystems mit doppeltem Ritzelantrieb von einem Lenkungsprüfstand und aus einem Realfahrzeug zum Einsatz. Das hybride Lenkungsmodell wird im Full-Size-Fahrzeug-Mockup des Stuttgarter Fahrsimulators anhand eines Force-Feedback-Aktuators im Umfang einer Probandenstudie verifiziert und validiert sowie mit einem weiteren Mockup mit einer elektromechanischen Lenkungsanlage mit achsparallelem Antrieb verglichen, die virtuelle Zahnstangenkräfte aus der Fahrdynamiksoftware zur Drehmomentkalkulation nutzt. Als virtuelles Fahrzeugmodell und Lenkrad-Rad-Übertragungsstrecke wird im Stuttgarter Fahrsimulator das parametrierte Fahrzeug, entsprechend den Messdaten des Realfahrzeugs, in der Fahrdynamiksoftware IPG CarMaker verwendet. Das physikalische Lenkungs-Grundmodell umfasst dabei die Charakteristika von Torsionsdrehstab, Kardangelenke, Reibung, Hilfskraftunterstützung sowie Ersatzmasse, -dämpfung und -steifigkeit. Alle Größen sind oder werden auf Zahnstangenebene berechnet und über den Ritzelradius des Lenkgetriebes in ein äquivalentes Lenkraddrehmoment umgerechnet. Die Reibmodellierung umfasst die Abbildung von Lagerreibungen der Lenksäule als auch des Lenkgetriebes inklusive winkelfehlererzeugender Kardangelenke. Unzulänglichkeiten in Parametrierung, Hystereseverhalten und fehlende Systemeigenschaften des physikalischen Lenkungs-Grundmodells werden mit Hilfe von neuronalen Netzen adaptiert. Es kommen mehrere kaskadierte vorwärtsgerichtete neuronale Netze zum Einsatz, deren Hyperparameter mit Hilfe der Bayes'schen Parameteroptimierung definiert werden. Das erste neuronale Netz fungiert als Skalierungsnetz, welches das Ausgangsdrehmoment des physikalischen Lenkungs-Grundmodells für den On-Center-Bereich verzugsfrei skaliert. Ein weiteres Netz wird für die Adaption von fehlenden Informationen des Lenkradmoments bezüglich der Messdaten des Realfahrzeugs implementiert. Hierbei erfolgt eine Addition durch das neuronale Netz, so dass Differenzwerte antrainiert werden. Ein drittes neuronales Netz sorgt für die Glättung und fungiert als digitales Echtzeitfilter des absoluten Ausgangsdrehmoments. Als Optimierungsmaßnahme werden in dem Eingangsvektor der neuronalen Netze neben den aktuellen auch die vergangenen Zeitschritte berücksichtigt, so dass der hybride Ansatz ein Kurzzeitgedächtnis erhält als auch die Möglichkeit vergangene Zustände im aktuellen Ausgang zu berücksichtigen. Für die Abbildung des Schwingungsverhaltens werden die im Fahrsimulator verbauten Körperschallwandler an Karosserie und Lenkrad verwendet, die von 20 Hz bis 250 Hz arbeiten. Der Vergleich von modellbasierten Force-Feedback-Lenkung mit einer realen Lenkungsanlage zeigt, dass ein mit aktuellen Technologien der künstlichen Intelligenz angefertigtes hybrides Lenkungsmodell die gleichen Charakteristika im On-Center-Bereich erzeugt und zugleich weniger Parameter benötigt. Die fehlende Rückschleifung von Querbeschleunigung und Reifenverhalten aus der Fahrdynamiksoftware bewahrt die Latenzfreiheit. Ein reduzierter physikalischer Lenkungsmodell-Aufbau ermöglicht die Anpassung an alle gängigen Lenksysteme, wobei die neuronalen Netze bei Parameteränderungen im physikalischen Lenkungs-Grundmodell von bis zu 20 %, bestehen bleiben können. Eine Force-Feedback-Aktuatorik im Mockup ermöglicht eine Implementierung von Kennlinien des Lenkmoments verschiedener Fahrzeughersteller, ohne eine mechanische Änderung am Fahrzeug-Mockup vorzunehmen. Mit weiterführenden und detaillierteren Messdaten sind in Zukunft ein noch präziseres Lenkungsgefühl und die Abbildung von fahrerrelevanten Nutzinformationen der Straße möglich. Für den Off-Center- und Grenzbereich ist eine Rückführung der Werte aus der Fahrdynamiksoftware, wie den Zahnstangenkräften resultierend durch nichtlineares Reifenverhalten, notwendig. Der physikalische Lenkungsmodell-Teil erlaubt die direkte Einspeisung von virtuellen Zahnstangenkräften oder Zahnstangenwegen aus der Fahrdynamiksoftware. Der hybride Modellierungsansatz zeigt für unbekannte Eingangskonstellationen robuste und stabile

Lenkraddrehmomente bei erzwungener Weg- und Kraftanregung der Zahnstange. Durch die implementierte Umschaltfunktion kann in Abhängigkeit der Querbeschleunigung zwischen hybridem Lenkungsmodell und Lenkraddrehmomenten von externen Softwaremodellen selektiert werden. Der Ansatz in dieser Arbeit zeigt neben der Eignung für Fahrsimulatoren mit Force-Feedback-Systemen zudem die Möglichkeit der Verwendung für Steer-by-Wire Systeme in Fahrzeugen.

Abstract

The engineering development work in the automotive industry requires early testing and application of a wide variety of driving functions. Driving simulators have been increasingly used for this purpose in recent years. To reproduce real driving behavior as realistically as possible, the driver-vehicle interfaces must provide correct and delay-free haptic feedback. The steering wheel, including the steering wheel torque, forms the most important haptic interface between the driver and the vehicle for the stimuli of human perception. In driving simulators, all human stimuli that is caused in the real world by the vehicle and the environment must be virtually generated through software and hardware. Virtual driving dynamics models and corresponding software providers are used to describe driving behavior. To generate realistic steering wheel torque, detailed physically based software models of the steering are primarily used, which must be costly parameterized and tough not capable of replicating all the nonlinearities of the real vehicle and steering system.

In this work, a hybrid software steering-model structure and an optimization method are developed and presented, which generate a realistic steering feel and steering wheel torque using real data from vehicle driving maneuvers. Starting with the creation of a simplified physically based software model of the steering, which includes fundamental characteristics of the components such as stiffness, damping, gear ratio, and assistance force characteristics, this is supplemented by a selected dynamic friction model based on Lund-Grenoble. The extension to the hybrid steering model is made through three neural networks that act as scaling, adaptation, and real-time filter networks, and can adjust the output of the basic physical steering model to the measured real steering wheel torque of a compact-class vehicle. The hyperparameters of the neural networks are adjusted using Bayesian optimization. The results and the comparison of all optimization cycles of the hybrid steering models are evaluated with the help of a quality function based on Weber's law and real test drives on a german highway. Through the physical steering base model, which works on rack level, it is possible to integrate frequency and road excitations as force and displacement excitations. Further, it is possible to adjust the physical parameters and change the behavior of the modeled steering system. The results of the simulation show, for the selected hybrid steering model, robust and usable output torques also for unknown maneuvers performed outside the on-center range, so that the developed software model is also suitable for use in Steer-by-Wire systems. The developed hybrid steering model is implemented in the Stuttgart Driving Simulator for a vehicle-mockup with a force-feedback system, and the steering feel is evaluated based on a subjective questionnaire created. The evaluation shows that within the on-center range, all characteristics matching the vehicle model are recognized and assessed. A survey conducted in a pilot study with a Hardware-in-the-Loop steering system also present in the Stuttgart Driving Simulator serves as a comparison and shows an improvement in steering feel, particularly in feedback behavior. To consider tire and boundary behavior, future work must include the feedback of driving dynamics quantities, such as the rack force, into the steering base model.

Fundamentals

Chapter 2 includes the statistical metrics necessary for understanding the developed quality function, as well as digital filtering methods suitable for the later data preprocessing of measurement data. A zero-phase low-pass filter method and noise reduction, using discrete wavelet transformation, are introduced. The electromechanical steering system installed in the test vehicle, along with other extensions, including the components and Steer-by-Wire systems, are explained. The application area for the developed hybrid steering model and the final study are provided by the Stuttgart Driving Simulator. For an optimal steering feel in the most frequently used central range, friction in the steering system is primarily responsible. Therefore, in addition to the established software model of the steering, appropriate friction models such as the Lund-Grenoble friction model and the exponential spring friction model are discussed. Finally, this chapter addresses the structure and functioning of artificial neural networks as well as Bayesian hyperparameter optimization.

Methodology

The development of the physically based steering base model and the possible configurations for the hybrid steering model are outlined in Chapter 3. System properties necessary for the simplified base model can be defined using test bench measurements. The Lund-Grenoble friction model shows the best results compared to the exponential spring friction combined with a Maxwell element and a hyperbolic tangent in the steering base model on rack level. Considering steering column friction and backlash in the steering gear does not lead to any improvements. A combination of the physical steering base model and a neural network is intended to minimize the weaknesses of the physically based modeling. The possible hybrid model approaches are defined as "scaling network", "difference network", and "difference-scaling network", where scaling means that the output of the previous model part, in this case, the steering base model, is used as input. Difference means that the network is trained with the deviation between the previous model output and the reference, why the output of the hybrid model must be added back to the output of the previous model part. To evaluate the model quality, the model outputs or steering moments are assessed with a normalized quality function, which weights and combines the errors of the model and reference according to Weber's law.

Optimization

The optimization of the hybrid steering model is explained in Chapter 4. Starting with a listing of the used training and test datasets, divided into steering angles, lateral accelerations, and speed ranges, the physical basic steering model is first extended by a scaling network. Due to the numerical calculation of the steering angle velocity, this generates discrete value jumps and results in output network noise. As the first optimization, the steering angle velocity is replaced by the steering angle and the previous four timesteps, allowing the neural networks to incorporate a short-term memory, i.e., a total of five time steps of the steering angle. Additionally, classification is performed with a separate network for each based on the absolute steering torque from the basic model. This results in four classification areas, whose transitions are averaged.

The second step in expanding the hybrid steering model involves adding a difference-scaling network. The optimization includes the integration of the previous four time steps from the output of the scaling network. The output of this neural network, referred to as the adaptation network, is the difference between the scaling network and the reference steering torque. A combination of the outputs of the scaling and adaptation networks then results in the absolute steering torque again. A third network functions as a real-time filter to further smooth the output. Its configuration is also like a scaling network. The input is the output of the adaptation network, and the desired output is the zero-phase filtered output of the adaptation network. At the end of this chapter, a model with the highest quality and one with the best quality-runtime ratio are selected.

Evaluation and Results

To assess the suitability of the two hybrid steering models developed in Chapter 4, an additional robustness test dataset, outside of the on-center area and covering a wide speed range, is used. In Chapter 5, the sensitivity of the entire hybrid steering model is first evaluated with variations of physical parameters in the basic steering model, such as the torsion bar stiffness and the assistance force support. Subsequently, in the physical basic model, the vibration excitation of the measured eigenfrequencies of the steering system and the body is compared, using rack displacement and rack force in the basic steering model. Both selected hybrid steering models provide usable and stable output torques, with the hybrid steering model optimized for computation time being more robust and less sensitive to vibration excitations, which is why this model is used for the final participant study on the Stuttgart driving simulator. This study involves a total of 20 participants, who again attempt to assess the steering in the on-center range using the steering evaluation questionnaire. Compared to the Hardware-in-the-Loop pre-study, the hybrid steering model provides results that are especially appropriate in terms of feedback and friction behavior related to the vehicle model. The absolute steering torque in the center position, as well as the vehicle response behavior, are also recognized as typical for the vehicle. The on-center steering feel is rated as "rather poor," which also correlates with the used compact-class vehicle.

Conclusion

In the context of the present work, a method for optimizing the haptic steering feel is presented, combining a physical software model of the steering system with neural networks for the use in driving simulators with force-feedback systems. Based on measurement data from a mid-range compact vehicle, a simplified physical steering model is developed with an extended dynamic Lund-Grenoble friction model. From this, several neural network configurations are examined and compared. The goal of this combination is to develop a hybrid steering model that generates a realistic, lag-free, and robust steering torque in accordance with the measurements. Bayesian parameter optimization is used for the optimization of network hyperparameters. The investigations primarily focus on the on-center area, which is relevant for the steering feel, and the associated small steering angles. The physical based steering model provides the interface for extension with virtual vehicle dynamics parameters, such as virtual rack force. This allows for the consideration of boundary conditions, tire behavior, and different road surface characteristics from the data of the driving simulation. The use of the final real-time capable hybrid steering model is for generic steering torque generation in driving simulators with force feedback systems, such as in the vehicle mockup of the Stuttgart driving simulator. The implemented hybrid open-loop steering model consists of a simplified, physically based basic steering model, extended with three neural network stages for scaling, adaptation, and smoothing of the calculated steering torque. It achieves the trade-off of maximizing quality while minimizing computation time. In addition to the developed quality function for simulative steering model evaluation, a subjective participant study with the implemented steering model is conducted on the Stuttgart driving simulator with a sampling frequency of 4 kHz. Together with the virtually parameterized vehicle dynamics model matching the real vehicle, the steering is evaluated using a created evaluation questionnaire for haptic steering feel. A prior participant pre-study with the same vehicle dynamics model in a mockup with a hardware-in-the-loop steering system on the Stuttgart driving simulator is used for suitability of the questionnaire and for comparison. The results show that despite different steering systems, the steering torque and the underlying vehicle model are clearly recognized. An improvement in steering feel is achieved through clearer feedback behavior, utilizing frequency coverage of road surface information via the built-in body sound actuators in the seat and steering wheel, as well as artificial neural networks in the hybrid steering model. The evaluation of the on-center feeling falls in the mid-range of the evaluation scale, typical for compact-class vehicles. The developed hybrid steering software model shows potential for hybrid modeling approaches that link physically motivated models with artificial intelligence in the form of neural networks. The use of body sound actuators in combination with hybrid steering modeling can also optimize the steering feel and immersion in static driving simulators.

Outlook

In the future, further investigations into the off-center regions are planned by extending external parameters in the physical basic steering model, so that, for example, noise carpets, road surface excitations, and tire behavior can be implemented. The hybrid modeling approach could also be applied to other vehicle components in the future, extending to the full modeling of the entire vehicle and autonomous systems. This modeling method has the potential to further optimize the development of driving simulators and autonomous driving systems. In addition, it's possible to implement this kind of a hybrid steering model into modern vehicles with Steer-by-Wire-systems to generate a free designable steering wheel torque and feel. It's also possible to use hybrid modeling methods with the showing optimizations for commercial vehicles like trucks in the simulation or for feedback systems to optimize the feedback input for the driver.

1 Einleitung

1.1 Motivation und Zielsetzung

Die Zahl der zugelassenen PKW in Deutschland am 1. Januar 2024 beträgt 46,1 Millionen mit einem durchschnittlichen Alter von ca. 10 Jahren [1]. Im Jahr 2023 wurden 2,8 Millionen neu zugelassen, wobei der Zuwachs von Sport Utility Vehicles (SUV) und Fahrzeugen der Kompaktklasse bei 10 % liegt [2]. Um den ansteigenden Bedarf an Produkten, gesetzlichen Anforderungen und Sicherheitsaspekten gerecht zu werden, versuchen die Produkthersteller (Original Equipment Manufacturer, OEMs) durch Frontloading und Simultanous Engineering den Entwicklungs- bzw. den Produktentstehungs-prozess zu optimieren [3]. Für die frühzeitige Entwicklung wird eine geeignete Simulationsumgebung benötigt. Hierfür etablieren sich Fahrsimulatoren, was sich an der steigenden Anzahl der Hersteller, der Nutzer und der Dienstleistungsanbieter in diesem Sektor zeigt [4]. Virtuelle Fahrversuche ermöglichen die Validierung und die Akzeptanzbewertung von Fahrzeugkonfigurationen und -systemen in einem frühen Stadium, bevor ein realer Prototyp existiert. Ein realitätsnahes Fahrerlebnis ist damit in der Entwicklungsphase möglich. Für das Fahrzeug-Fahrgefühl sind insbesondere die Mensch-Maschine-Schnittstellen (Human-Machine-Interfaces, HMIs) von Bedeutung. Pedalerie und Lenkrad müssen hierbei verzugsfreie und realistische Rückmeldekräfte bereitstellen, gemäß dem angestrebten virtuellen Software-Fahrzeugmodell. Das Lenkrad mit zugehörigem Lenkrad-Drehmoment bildet die wichtigste haptische Schnittstelle des manuellen Fahrens zwischen Fahrer und Fahrzeug [5]. Die mechanische Auslegung des Lenkungsaufbaus im Fahrsimulator sowie die resultierenden Kräfte aus dem softwareseitigen Lenkungsmodell stellen eine primäre Rolle für die Darstellung der Haptik in Fahrsimulatoren dar. Problematische Anforderungen an ein Lenkmoment in der Fahrsimulation sind die technisch bedingte latenzbehaftete Rechenzeiten und die zum Fahrzeug gehörende Parameteridentifikation der Systemeigenschaften. Zusätzlich soll für zukünftige autonome Fahrfunktionen ein frei gestaltbares Lenkmoment ermöglicht werden. In der Praxis kommen Lenkungsaktuatoren auf Basis eines Servomotors mit direkter mechanischer Lenkradkopplung zum Einsatz [6]. In der vorliegenden Arbeit wird für ein derartiges Force-Feedback-System (FFS) ein

A. Dieing, *Optimierung und Applikation des Lenkungs-Feedbacks in der Fahrsimulation unter Anwendung von künstlicher Intelligenz*, Wissenschaftliche Reihe Fahrzeugtechnik Universität Stuttgart, https://doi.org/10.1007/978-3-658-50559-2_1

hybrides Software-Lenkungsmodell entwickelt, das auf Basis von Prüfstands- und Realmessdaten die physikalische und die Black-Box-Modellierung in Form von künstlicher Intelligenz vereinigt. Vorteile sind eine sichergestellte Robustheit für unbekannte Eingangsdaten sowie eine Minimierung von benötigten Messdaten und Latenzzeit. Das physikalische Lenkungs-Grundmodell dient zum einen als redundante Rückfallebene bei Anomalien und zum anderen als Schnittstelle für das virtuelle Fahrzeugmodell, so dass auch Fahrbahninformationen und ein Reifenverhalten abbildbar sind. Das finale hybride Lenkungsmodell wird im Rahmen einer Probandenstudie am Stuttgarter Fahrsimulator hinsichtlich Lenkgefühl subjektiv bewertet und mit einer Hardware-in-the-Loop (HiL)-Lenkungsanlage verglichen.

1.2 Aufbau der Arbeit

In Kapitel 2 werden die relevanten Grundlagen für das spätere hybride Lenkungsmodell erklärt. Beginnend mit statistischen Metriken und digitalen Filtermethoden zur Datenvorverarbeitung erfolgen anschließend die Erläuterungen aktueller Lenksysteme im Kraftfahrzeug und die menschlichen Wahrnehmungen bezogen auf das Lenkradmoment sowie das Lenkgefühl. Folgend wird mit dem Stuttgarter Fahrsimulator die Umgebung des Einsatzzwecks für ein optimiertes haptisches Lenkungsgefühl und die verbauten Lenkungsaktuatoren vorgestellt. Des Weiteren wird auf etablierte Lenkungs- und Reibungsmodelle sowie die Arbeitsweise von künstlicher Intelligenz eingegangen. In diesem Zusammenhang erfolgt abschließend die Beschreibung der Hyperparameteroptimierung durch den Satz von Bayes.

Kapitel 3 behandelt die Methodik des auf Messdaten beruhenden physikalischen Lenkungs-Grundmodells und erste Ergebnisse zur Reibmodellierung sowie Latenzzeiten und Vorstudienergebnisse am Stuttgarter Fahrsimulator. Beginnend mit dem Aufbau des physikalischen Lenkungs-Grundmodells werden charakteristische Größen wie Steifigkeiten, Übersetzungsverhältnisse und Massen ermittelt, basierend auf Messdaten eines Kompaktklassefahrzeugs. Die Selektion eines geeigneten Reibmodells erfolgt durch den Vergleich etablierter tribologischer Modelle mit einer realen Messfahrt. Zur simulativen Bewertung wird zudem eine Gütefunktion entwickelt, womit die in Kapitel 4 entwickelten hybriden Lenkungsmodell-Erweiterungen hinsichtlich des

Lenkgefühls bewertbar sind. Die Expansion zum hybriden Softwaremodell der Lenkung umfasst die Optimierungsarbeiten an Architektur, Datenaufbereitung und die Hyperparameteroptimierung der künstlichen neuronalen Netze. Zudem wird der Trade-off zwischen Güte und Rechenzeit für die Echtzeitfähigkeit als Performance-Indikator berücksichtigt.

Die Ergebnisse der einzelnen Lenkungsmodell-Bestandteile sowie die Bewertungen der Probandenstudie am Stuttgart Fahrsimulator sind abschließend in Kapitel 5 aufgeführt. Diese werden zudem mit den Resultaten aus der Vorstudie mit einer Hardware-in-the-Loop-Lenkungsanlage und identischem softwareseitigem Fahrzeug-Dynamikmodell verglichen. Den Abschluss bildet die Zusammenfassung der Lenkungsmodell-Entwicklung inklusive der Ergebnisse und eines Ausblicks.

2 Stand der Technik und Grundlagen

Im folgenden Kapitel werden die zum Verständnis notwendigen Grundlagen vermittelt. Ausgehend von statistischen Metriken und digitalen Filtermethoden in Kapitel 2.1 sind in Kapitel 2.2 aktuelle und zukünftige Lenksysteme im Fahrzeug aufgeführt. In Kapitel 2.3 wird auf die menschliche Wahrnehmung und die subjektive Bewertung des Lenkgefühls eingegangen. Mit dem Stuttgarter Fahrsimulator und der haptischen Fahrer-Rückmeldeeinrichtung erfolgt in Kapitel 2.4 die Einführung der Ziel-Einsatzumgebung zur Laufzeit. Kapitel 2.5 beschreibt die physikalische Lenkungsmodellierung einschließlich Tribologie als auch die Black-Box-Modellierung von Lenksystemen. Des Weiteren werden die Grundlagen künstlicher Intelligenz mit neuronalen Netzen und dazugehöriger Datenverarbeitung sowie der Bayes'schen Parameteroptimierung abschließend in Kapitel 2.6 erläutert.

2.1 Datenverarbeitung und Statistik

Für die Bewertung der erstellten Software-Lenkungsmodelle in dieser Arbeit wird eine Gütefunktion entwickelt. Diese basiert auf statistischen Kennwerten und Fehlermaßen, die nachfolgend eingeführt werden. Zudem werden in diesem Kapitel die Grundlagen der Datenvorverarbeitung sowie digitale Filtermethoden aufgezeigt.

2.1.1 Grundlagen der Statistik

Das arithmetische Mittel $\bar{x}$, im allgemeinen Sprachgebrauch als Durchschnitt bekannt, ist über den Quotienten von Merkmalssumme x_j und Anzahl n definiert [7]:

$$\bar{x} = \frac{\sum_{j=1}^{n} x_j}{n} \qquad \text{Gl. 2.1}$$

Demgegenüber definiert der Median den Zentralwert der Merkmalssumme zu [7]:

A. Dieing, *Optimierung und Applikation des Lenkungs-Feedbacks in der Fahrsimulation unter Anwendung von künstlicher Intelligenz*, Wissenschaftliche Reihe Fahrzeugtechnik Universität Stuttgart, https://doi.org/10.1007/978-3-658-50559-2_2

$$median(x_j) = \begin{cases} x_j\left(\frac{n+1}{2}\right), wenn\ n\ ungerade \\ \frac{1}{2}\left(x_j\left(\frac{n}{2}\right) + x_j\left(\frac{n+1}{2}\right)\right), wenn\ n\ gerade \end{cases} \qquad \text{Gl. 2.2}$$

Um die Verteilung von Merkmalswerten vollständig zu beschreiben, werden neben dem Mittelwert die Varianz σ^2 und die Standardabweichung σ als Kennzahlen für die Streuung um den Mittelwert eingeführt. Die Varianz wird über die arithmetische Mittelwertbildung des quadratischen Abstands vom Durchschnittswert aller Merkmale gebildet zu:

$$\sigma^2 = \frac{\sum_{j=1}^{n}\left(x_j - \bar{x}\right)^2}{n} \qquad \text{Gl. 2.3}$$

Die Standardabweichung σ ergibt sich daraus zu:

$$\sigma = \sqrt{\sigma^2} \qquad \text{Gl. 2.4}$$

Eine Streuung von Messwerten um den Erwartungswert μ wird in ingenieurswissenschaftlichen Anwendungen durch die Gauß'sche Normalverteilung beschrieben. Die Gauß-Kurve $f(x)$ ist über folgende Gleichung definiert:

$$f(x) = \frac{1}{\sigma\sqrt{2\pi}} e^{-\frac{1}{2}\left(\frac{x-\mu}{\sigma}\right)^2}, x \in \mathbb{R} \qquad \text{Gl. 2.5}$$

Die Standardnormalverteilung einer Variablen x definiert dabei den Fall mit $\mu = 0$ und $\sigma^2 = 1$. Abbildung 2.1 zeigt die Intervallbereiche für verschiedene Standardabweichungen um den Erwartungswert. Im Abstand σ um den Erwartungswert μ liegen dabei 68 % aller Werte der Zufallsvariablen.[8, 9]

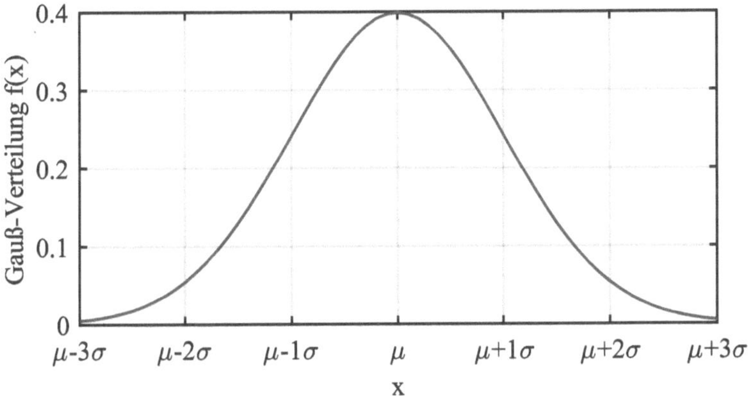

Abbildung 2.1: Intervalle für Standardabweichungen von $\pm 3\sigma$ um den Erwartungswert μ für eine Standardnormalverteilung, angelehnt an [9]

Die Beziehung von zwei Variablen zueinander wird als Korrelation bezeichnet [10]. Der mathematisch lineare Zusammenhang zwischen diesen zwei statistisch normalverteilten Variablen x und y wird in der Literatur über die Pearson-Korrelation r beschrieben [11]. Diese wird durch die Kovarianz K_{xy} und die Stichprobenvarianz $\sigma_{x,y}^2$ sowie die Pearson-Stichprobengröße n_r berechnet zu [11, 12]:

$$r = \frac{K_{xy}}{\sigma_x \sigma_y} = \frac{\sum_{j=1}^{n_r}(x_j - \bar{x})(y_j - \bar{y})}{\sqrt{\sum_{j=1}^{n_r}(x_j - \bar{x})^2}\sqrt{\sum_{j=1}^{n_r}(y_j - \bar{y})^2}} \qquad \text{Gl. 2.6}$$

mit:

$$K_{xy} = \frac{1}{n_r}\sum_{j=1}^{n_r}(x_j - \bar{x})(y_j - \bar{y}) \qquad \text{Gl. 2.7}$$

$$\sigma_x^2 = \frac{1}{n_r}\sqrt{\sum_{j=1}^{n_r}(x_j - \bar{x})^2} \qquad \text{Gl. 2.8}$$

$$\sigma_{\tilde{y}}^2 = \frac{1}{n_r}\sqrt{\sum_{j=1}^{n_r}\left(y_j - \bar{y}\right)^2}. \qquad \text{Gl. 2.9}$$

Gemäß Gl. 2.6 liegt der Definitionswert der Pearson-Korrelation bei $-1 \leq r \leq 1$, wobei $|r| = 1$ eine vollständige lineare Korrelation beschreibt [11].

2.1.2 Metriken für Fehlermaße

In der Regressionsanalyse werden Metriken zur Qualitätsbewertung eingesetzt, die auf der Abweichung zwischen Ist- und Soll-Wert beruhen. Der mittlere quadratische Fehler (Mean Squared Error, MSE) ist ein Bewertungsmaß in der Schätztheorie und ist mit dem Fehler als Abweichung zwischen Ist- und Sollausgang $y_i - \tilde{y}_i$ definiert zu:

$$MSE = \frac{1}{n}\sum_{j=1}^{n}\left(y_j - \tilde{y}_j\right)^2 \qquad \text{Gl. 2.10}$$

Darauf aufbauend ist die Wurzel des mittleren quadratischen Fehlers (Root Mean Squared Error, RMSE) definiert:

$$RMSE = \sqrt{\frac{1}{n}\sum_{j=1}^{n}\left(y_j - \tilde{y}_j\right)^2} \qquad \text{Gl. 2.11}$$

Der mittlere quadratische Fehler und die Wurzel des mittleren quadratischen Fehlers gehören zu den beiden etablierten Performance-Indikatoren in der Regressionsmodellierung [13].

Für einen Prädiktionsprozess kommt zur Genauigkeitsbeurteilung zudem der mittlere absolute Fehler (Mean Absolute Error, MAE) zum Einsatz, der sich ähnlich zum MSE nach Gl. 2.10 definiert:

$$MAE = \frac{1}{n}\sum_{j=1}^{n}\left|y_j - \tilde{y}_j\right| \qquad \text{Gl. 2.12}$$

Für die Anpassungsgüte einer Regression an eine Zielfunktion wird das Bestimmtheitsmaß $0 \geq R^2 \geq 1$ verwendet. Dieses ist gegenüber den vorherigen Metriken eine dimensionslose Zahl, welche die Streuung der Ist-Werte y_j um ihren Mittelewert $\bar{y}$ in Relation setzt zu der Streuung der Soll-Werte $\tilde{y}_j$ um den Mittelwert $\bar{y}$. Die mathematische Formulierung lautet:

$$R^2 = \frac{\sum_j \left(y_j - \bar{y}\right)^2}{\sum_j \left(\tilde{y}_j - \bar{y}\right)^2}. \qquad \text{Gl. 2.13}$$

Für $R^2 = 1$ folgt $\sum_{j=1}^{n} \left(\tilde{y}_j - y_j\right)^2 = 0$ und entspricht damit einer idealen Regression.[14]

Die Beurteilung von Lenkungsmodellen erfolgt in der Literatur durch ein sogenanntes Effizienzmaß E, das für den Wertebereich von $-\infty \leq E \leq 1$ definiert ist zu [15, 16]:

$$E = 1 - \frac{\sum_{j=1}^{n} \left(\tilde{y}_j - y_j\right)^2}{\sum_{j=1}^{n} \left(\tilde{y}_j - \bar{\tilde{y}}_j\right)^2} \qquad \text{Gl. 2.14}$$

Dieses relative Gütemaß eignet sich, um Modellkomponenten für definierte Aussagen miteinander zu vergleichen und wird in Kapitel 3.4 erneut aufgegriffen. Der mittlere quadratische Fehler wird über die Varianz des Modellausgangs normiert. Ein Effizienzmaß von $E = 1$ definiert eine Übereinstimmung zwischen Referenz und Modellausgang, wobei für eine ausreichende Modellierungsgüte der Wert von $E \geq 0{,}9$ erreicht werden muss [16].

2.1.3 Digitale Filtermethoden

Ein digitales Filter wird eingesetzt, um beispielsweise Signale zu bereinigen und zu glätten. Nachfolgend sind mit dem Wavelet-Denoising und der Null-Phasen-Filterung zwei nutzbare Filtermethoden aufgezeigt, die sich für die spätere Datenkorrektur eines hybriden Software-Lenkungsmodells eignen.

Digitales Null-Phasen-Filter

Die Eingruppierung von digitalen Filtern erfolgt anhand der Frequenzbereiche, in denen diese keine Auswirkung auf das Signal haben. Neben dem Tief- und Hochpass-Filter, die alle Frequenzen unterhalb bzw. oberhalb einer definierten Grenze ungefiltert lassen, existiert der Bandpass und Bandstopp, die wiederum nur Frequenzen innerhalb oder außerhalb eines festgelegten Frequenzbereichs freigeben. Das Butterworth-Filter ist eine verbreitete Variante eines Tiefpass-Filters, das Frequenzen unterhalb der Grenzfrequenz ohne Dämpfung der Amplitude durchlässt, gefolgt von einem Übergangsbereich und dem Sperrbereich. Die Parameter umfassen die Grenze und die Filterordnung, wodurch der Gradient als auch die Amplitude im Übergangsbereich proportional zur Filterordnung um 20 dB je Frequenzdekade abnehmen. Die Grenzfrequenz ist die Frequenz, bei der die Übertragungsfunktion bzw. das Signal auf $2^{-0,5}$ des Ursprungswertes gedämpft wird. Im Übergangsbereich des Filters erfolgt eine Phasenverschiebung des Amplitudengangs.[17]

Demgegenüber folgt bei der Null-Phasen-Filterung keine Phasenverschiebung aufgrund der Arbeitsweise als Vorwärts-Rückwärts-Filterung (forward-backward, fb). Abbildung 2.2 zeigt für ein gegebenes verrauschtes Rohsignal die resultierenden Anteile nach einer konventionellen sowie einer Null-Phasen-Tiefpassfilterung. Der zeitliche Verzug der konventionellen Methode ist visuell erkennbar.

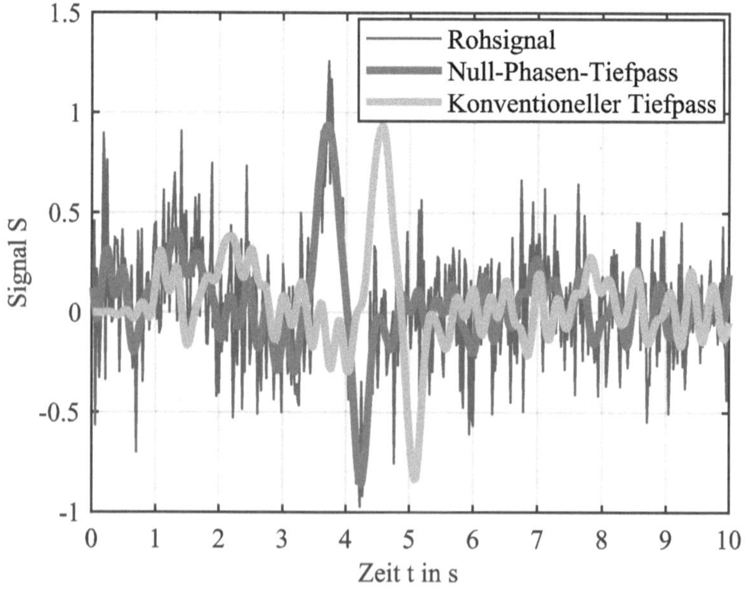

Abbildung 2.2: Rohsignal, konventioneller Butterworth-Tiefpass und Null-Phasen-Tiefpass im Vergleich, angelehnt an [18]

Zuerst wird ein Signal S in Laufrichtung mit beispielsweise einem Butterworth-Tiefpass gefiltert. Anschließend wird das Signal S mit identischen Initialwerten rückwärts durchlaufen und die Phase des Rohsignals bleibt erhalten. Die Null-Phasen-Filtermethode ist dadurch nicht echtzeitfähig.[18]

Wavelet-Denoising

Eine weitere Methode ist die Entrauschung (Denoising) mit der diskreten Wavelet-Transformation (discrete wavelet transform, DWT). Ähnlich wie bei der Fourier-Transformation (Fourier transform, FT) wird bei der Wavelet-Transformation ein Signal vom Zeitbereich in Abhängigkeit der Frequenzen in Signalteile zerlegt. Die Fourier-Transformation kann über die schnelle Fourier-Transformation (short time Fourier transform, STFT) auf instationäre Signale angewendet werden. Die schnelle Fourier-Transformation diskretisiert ein instationäres Signal durch die Abtastung mittels Fensterfunktion in ein quasistationäres Signal und setzt diese Fensterfunktion periodisch fort. Nachteil ist der Trade-off zwischen Ort- und Zeit- bzw. Frequenz- und Zeitauflösung. Ein schmales Fenster mit Fensterbreite $\Delta\tau$ liefert eine schlechte Frequenzauflösung aufgrund der Fensterhöhe Δf. Ein breites Fenster erzielt entsprechend eine gute Frequenzauflösung. Die Fensterfunktion genügt damit der Zeit-Frequenz-Unschärfe und es gilt [19]:

$$\Delta\tau \cdot \Delta f \approx 1 \qquad \text{Gl. 2.15}$$

Um dieses Problem zu umgehen, nutzt die Wavelet-Transformation sogenannte Wavelet-Funktionen. Diese lassen sich als schwingende Welle definieren. Ausgehend von null folgt ein alternierender Anstieg auf einen Maximalwert gefolgt vom alternierenden Abstieg zurück zu null. Ein kontinuierliches Signal lässt sich in orthogonale und nicht-redundante Wavelets zerlegen. Diese sind skalier- als auch verschiebbar, so dass eine zeitgleiche Analyse der Frequenz- und Zeitinformation ermöglicht wird und die Ortsinformationen enthalten bleiben. Eine simple und für das Verständnis hilfreiche Wavelet-Funktion Ψ ist die Haar-Wavelet-Funktion, die folgendermaßen definiert ist [20]:

$$\Psi(t) = \begin{cases} 1, wenn\ 0 \leq t < 0{,}5 \\ -1, wenn\ 0{,}5 \leq t \leq 1 \\ 0, sonst \end{cases} \qquad \text{Gl. 2.16}$$

Mit der Wavelet-Mutterfunktion Ψ_{ab} kann die Skalierung und die Translation, mit dem Translationsparameter b, der die Funktion auf der Zeitachse verschiebt, sowie dem Skalierungsparameter a, für die Anpassung der Amplitude und der Frequenz, für die Wavelet-Analyse folgend eingeführt werden:

$$\Psi_{ab}(t) = \frac{1}{\sqrt{a}}\Psi\left(\frac{t-b}{a}\right) \qquad \text{Gl. 2.17}$$

Je größer a desto geringer die Frequenz. Der Faktor $a^{-\frac{1}{2}}$ dient zur Normierung des entsprechenden Wavelet. Für den Einsatz auf digitaler Hardware wird die diskrete Wavelet-Transformation verwendet, welche die Gleichung Gl. 2.17 diskretisiert. Parallele Hoch- und Tiefpassfilter zerlegen die Informationen eines Signals frequenzspezifisch in zwei Anteile. Der erzeugte Tiefpasskanal wird erneut durch ein Halbband gefiltert, so lange bis die Signallänge der Filterlänge entspricht. Dadurch entstehen am Schluss ein einziger Tiefpassanteil und mehrere Bandpassanteile sowie ein Hochpassanteil [21]. Die Zerlegung sortiert mit definierten Schwellwertalgorithmen, sog. Wavelet-Schwindung, unbrauchbare sowie gewünschte Anteile aus und transformiert diese anschließend über die inverse diskrete Wavelet-Transformation (inverse discrete wavelet transform, IDWT) in den Zeitbereich zurück. Der Schwellwertalgorithmus besteht, gemäß Abbildung 2.3, aus einem Schwellwert und einer Schwellwertfunktion, zu der die harte und die weiche Schwellwertfunktion gehören. Die harte Schwellwertfunktion setzt alle Wavelet-Koeffizienten unterhalb einer definierten Schwelle zu null bzw. behält alle oberhalb bei [22]:

$$W_{\hat{x}} = \begin{cases} W_y(t), für\ |W_y(t)| \geq T \\ 0, sonst \end{cases} \qquad \text{Gl. 2.18}$$

Demgegenüber werden bei der weichen (soft) Schwelle die Werte oberhalb gemäß der Schwellwertfunktion T reduziert [22]:

$$W_{\hat{x}} = \begin{cases} sgn\left(W_y(t)\right)\left(W_y(t) - T\right), für\ |W_y(t)| \geq T \\ 0, sonst \end{cases} \qquad \text{Gl. 2.19}$$

Hierbei definieren W_y die verrauschten und $W_{\hat{x}}$ die entrauschten Signaldaten. Zum Schwellwert selbst gehören der universelle, bandadaptive und der räumlich-adaptive Schwellwert. Der universelle Schwellwert ist definiert zu [22]:

$$T = \frac{median(W_y)}{0{,}6745}\sqrt{2\log([n])}$$ Gl. 2.20

Im Anwendungsfall Datenaufbereitung definiert sich dieser zu [23]:

$$T = \sqrt{2\ln([n])}$$ Gl. 2.21

Für weitere Informationen zu den Schwellwerten sei an dieser Stelle auf weiterführende Literatur verwiesen [24, 25].

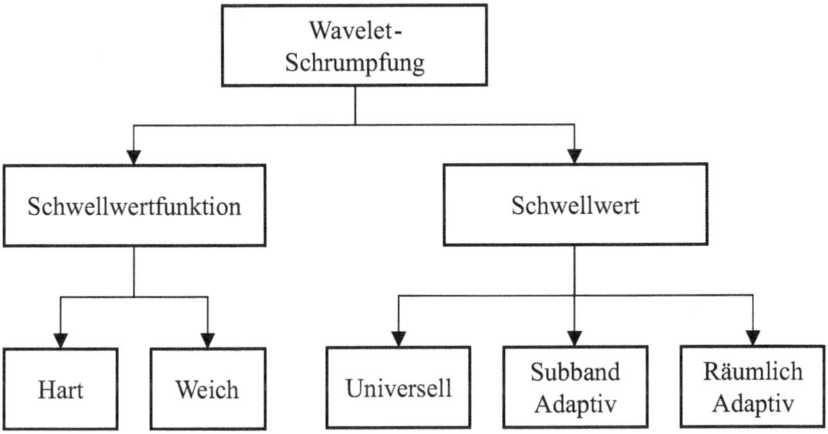

Abbildung 2.3: Wavelet-Schrumpfung aufgeteilt in Schwellwert und Schwellwertfunktion angelehnt an [24]

Über definierte Wavelet-Schwellen werden unerwünschte Informationen aus dem Signal gefiltert und anschließend in den Zeitbereich rücktransformiert. Die Datenentrauschung und die in Kapitel 4 verwendete Symlet 4 Wavelet-Mutterfunktion ist für den eingeführten Wavelet-Algorithmus in Abbildung 2.4 dargestellt.[26–29]

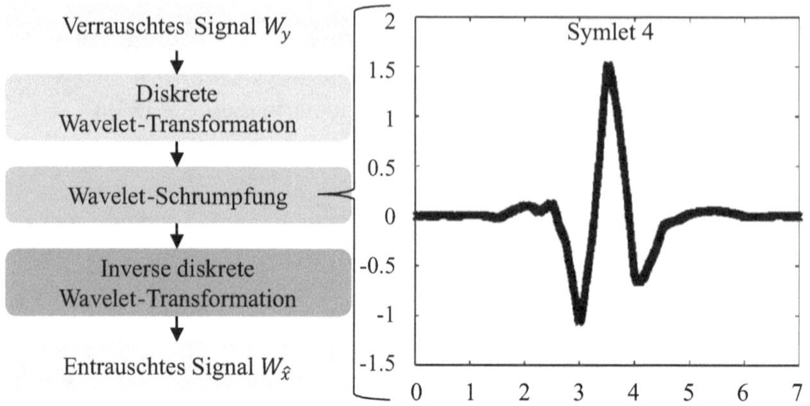

Abbildung 2.4: Arbeitsprinzip des Wavelet-Denoising und der Symlet 4 Wavelet-Mutterfunktion angelehnt an [26, 30]

2.2 Lenksysteme im Kraftfahrzeug

Die aktuell im Kraftfahrzeug verbauten Lenksysteme werden nachfolgend erläutert. Dabei wird auf die elektromechanischen sowie auf zukünftige Steer-by-Wire (SbW)-Lenkanlagen eingegangen. Die gestellten Sicherheitsanforderungen an Steer-by-Wire-Systeme werden ebenfalls aufgeführt, da diese übertragbar auf die Anforderungen des Einsatzgebiets in der Fahrsimulation sind.

2.2.1 Elektromechanische Lenksysteme

Im Kraftfahrzeug sind seit über zehn Jahren elektromechanische Lenksysteme (Electric Power Steering, EPS) zu finden. Diese ermöglichen, gegenüber den hydraulischen Vorgängern, eine variable Übersetzungskennlinie, situationsabhängige Lenkmomentengestaltung sowie Packagingoptimierung und Komplexitätsverringerung. Diese Bauweise zählt damit zu den Hilfskraftlenkanlagen, die bei ausfallender Energieversorgung ausschließlich per Muskelkraft betrieben werden [31]. Des Weiteren ermöglicht die bedarfsgerechte Ansteuerung eine Verbrauchs- und Emissionsreduzierung von 10 g/km CO_2 für ein Mittelklassefahrzeug, weshalb heutzutage ausschließlich EPS-Systeme verwendet werden. Die Bauarten elektromechanischer Lenksysteme sind durch die Position und die Art des Servogetriebes der Lenkkraftunterstützung sowie die sich daraus ergebende Leistungsfähigkeit festgelegt. Etablierte Systeme in der Mittel- bis Luxusklasse sind die elektromechanischen Lenksysteme mit zusätzlichem Ritzel für den Servoantrieb (EPS dual pinion, EPSdp) sowie der achsparallele Antrieb (EPSapa), die jeweils ihre Unterstützungskraft direkt auf die Zahnstange übertragen. Alle Systeme nutzen einen Übersetzungsmechanismus aus Ritzel und Zahnstange für Wandlung der Drehbewegung des Lenkrads durch den Fahrer in eine translatorische Bewegung der Zahnstange bzw. der Spurstangen. Die daran befestigten Spurhebel realisieren eine Lenkbewegung der Vorderräder aus einer Translationsbewegung.[32]

Die Funktionsweise wird anhand des in Abbildung 2.5 dargestellten elektromechanischen Lenksystems mit doppeltem Ritzelantrieb erläutert. Hinter dem Lenkrad (Steering-Wheel, STW), das als Mensch-Maschine- Schnittstelle dient, befindet sich die Verstelleinrichtung, die eine ergonomische Lenkradposition im Innenraum des Fahrzeugs ermöglicht. Anschließend folgen die Lenkzwischenwelle mit den Kardangelenken für einen Längen- und Winkelausgleich sowie zur Crashsicherheit. Das eingegebene Handmoment vom Fahrer wird bei allen Systemen über einen Drehmomentensensor detektiert. Dieser ist meistens als Torsionsdrehstab (Torsion Bar, TB) mit definierter Drehfedersteifigkeit ausgeführt. Durch den Winkelsensor und die Kenntnis der Drehfedersteifigkeit wird daraus ein Handmoment bestimmt und diese Information an das Steuergerät für die Hilfskraftunterstützung (Support Function, SF) weitergegeben. In Abhängigkeit der Fahrzeuggeschwindigkeit wird daraus ein notwendiger Servomotorstrom kalkuliert und dem Hilfskraftunterstützungs-Motor zur Verfügung gestellt. Heutige Systeme erreichen dabei bis zu 1 kW Leistung [32]. Der Unterstützungsmotor überträgt sein Drehmoment über ein Getriebe und ein weiteres Ritzel direkt auf die Zahnstange, daher der Name dual pinion (dp). Die erzeugte Kraft überlagert sich mit der Fahrereingabe, resultierend aus dem Handmoment und der Übersetzung des Lenkgetriebes.[32–34]

Der Torsionsdrehstab muss robust sowie unempfindlich gegenüber äußeren Einflüssen sein und zudem eine ausreichende Präzision besitzen. Hierfür haben sich magnetische Drehmomentsensoren mit direkter Messung etabliert. Die Eingangswelle ist mit einem mehrpoligen Magnetring verbunden, die Ausgangswelle mit einem resistiven Magnetsensor. Dadurch wird der Differenzwinkel direkt am Bauteil gemessen und über eine Wickelfeder übertragen.

Der Torsionsdrehstab kann neben der gezeigten unteren Position auch direkt hinter der Lenksäule, d. h. vor der Lenkzwischenwelle, befestigt sein, so dass die Drehunförmigkeiten resultierend aus den Beugewinkeln der Kreuzgelenke nicht mitgemessen werden.[32, 33]

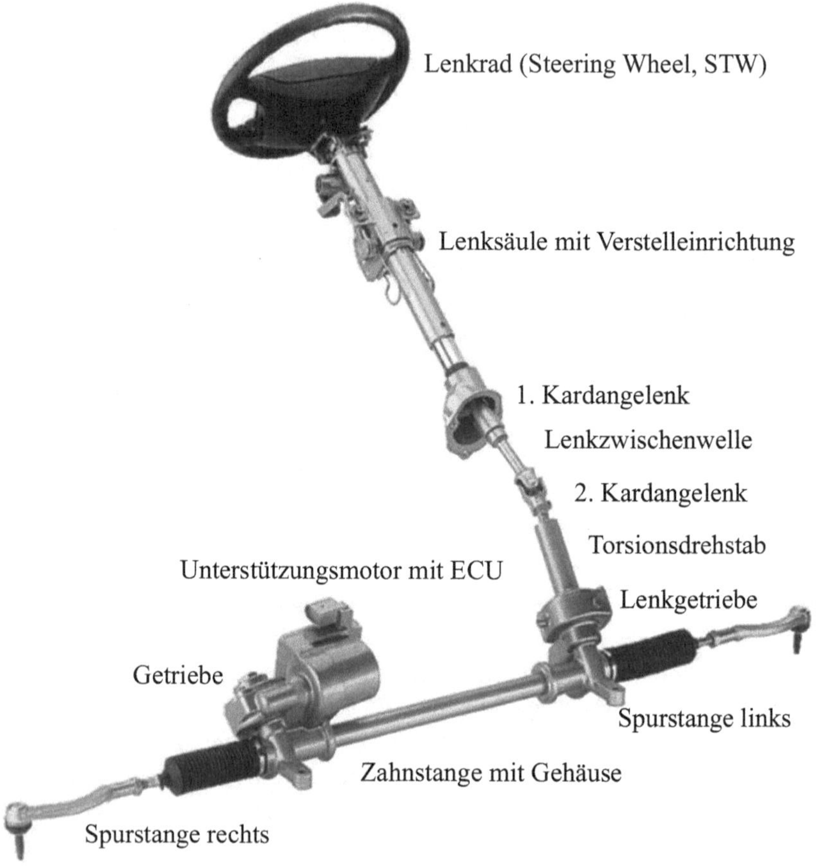

Abbildung 2.5: Elektromechanisches Lenksystem mit separatem Ritzelantrieb (EPSdp) des Getriebes der Hilfskraftunterstützung angelehnt an [33]

Die Lenkzwischenwelle im Lenksystem ist als Kardanwelle mit zwei Kreuzgelenken ausgeführt. Sie ermöglicht einen Längen- und Winkelausgleich und steigert im Falle eines Unfalls die Sicherheit der Insassen. Aufgrund unterschiedlicher Beugungswinkel und Lage im Raum der beiden Gelenke kommt es zu einer Drehunförmigkeit. Das Verhältnis zwischen Eingangs- und Ausgangsdrehzahl ist ungleich eins und weicht mit wachsendem Beugungswinkel je Gelenk davon ab.[32]

In Abbildung 2.6 ist eine vereinfachte Lenkzwischenwelle mit zwei Kreuzgelenken dargestellt. Der Eingangsdrehwinkel φ_1 wird in das erste Kreuzgelenk mit dem Beugungswinkel α_1 eingeleitet und über die Welle auf das zweite Kreuzgelenk übertragen. Die durch die Gelenke definierten Ebenen weichen dabei um den Verdrehwinkel β und den Versatzwinkel γ voneinander ab. Der Ausgangsdrehwinkel φ_2 wird analog um den Beugungswinkel α_2 abgeleitet.

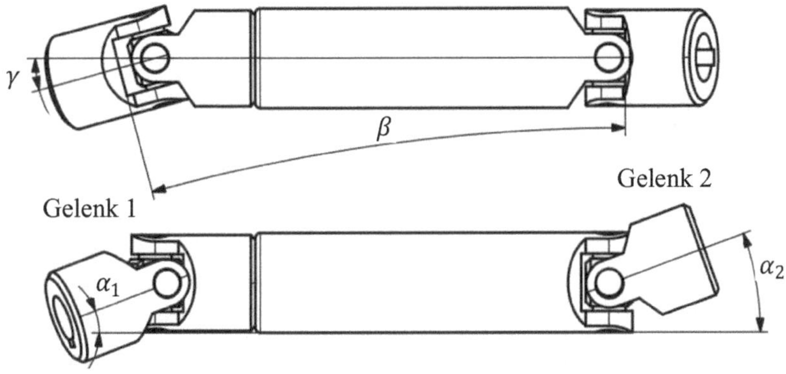

Abbildung 2.6: Lenkzwischenwelle mit zwei Kreuzgelenken einschließlich der Beugungswinkel $\alpha_{1,2}$ sowie des Verdrehwinkels β und des Versatzwinkels γ der Gelenkebenen

Da sich die Einzelübersetzungen der Kreuzgelenke multiplizieren, kann der resultierende Ausgangsdrehwinkel φ_2 in Abhängigkeit des Eingangsdrehwinkels φ_1, des Beugungswinkels der Kreuzgelenke α_1, α_2 sowie des Verdreh- und Versatzwinkels der Gelenkebenen β und γ, definiert werden [35]:

$$\varphi_2 = arctan\left(\frac{\cos\alpha_2\,(1+\tan^2(\gamma-\beta))\cdot\tan\varphi_1}{\cos\alpha_1\,(1+\cos^2(\gamma-\beta)) - \sin^2\alpha_2\cdot\tan(\gamma-\beta)\cdot\tan\varphi_1}\right) \qquad \text{Gl. 2.22}$$

Aus obiger Gleichung Gl. 2.22 ist ersichtlich, dass sich bei identischen Winkelverhältnissen, d. h. $\gamma \equiv \beta \wedge \alpha_1 \equiv \alpha_2$, eine Synchronisation ergibt und damit $\varphi_1 = \varphi_2$ gilt. Da dies in der Realität nicht möglich ist, wird die Lenkwelle so ausgelegt, dass der Winkel- bzw. Kardanfehler bei Lenkradnullstellung am geringsten ist. Dies bewirkt eine stabile Haltung und selbstständige Rückstellung der Lenkung bei Geradeausfahrt. Gegenüber dem EPSdp mit Schneckengetriebe wird beim EPSapa-System die Servounterstützung durch einen Riemen mit Kugelgewindetrieb realisiert. Dies ermöglicht die reibungsärmste und zugleich leistungsfähigste Ausbaustufe eines EPS-Systems, weshalb dies in der oberen Mittelklasse und aufwärts Verwendung findet. Als Unterstützungsmotor kommen vorwiegend permanentmagneterregte Synchronmotoren zum Einsatz. Diese erlauben eine effiziente Nutzung, präzises und dynamisches Verhalten sowie eine Kurzschlussfestigkeit. Zudem wird durch den Betrieb im Feldschwächebereich eine gleichbleibende Abgabeleistung über dem für Lenksysteme geforderten Drehzahlbereich von 500 °/s bei einer Zahnstangenkraft von bis zu 15 kN ermöglicht.[32]

2.2.2 Steer-by-Wire

Die mechanische Kopplung zwischen Lenkrad und den gelenkten Rädern wird bei Steer-by-Wire-Systemen durch Sensorik, Aktuatorik sowie Steuergeräte und Kabel ersetzt. Der Lenkbefehl des Fahrers wird sensorisch erfasst, verarbeitet und die gelenkten Räder werden durch eine Stellaktuatorik (Road Wheel Actuator, RWA) bewegt. Die mechanische Verbindung entfällt und erlaubt eine freie Positionierung des Lenkrads sowie eine individuelle Gestaltung des von einem Motor (Steering Feedback Actuator, SFA) erzeugten Rückmeldemoments. Gemäß der UN-Richtlinie Nr. 79 gehören diese Systeme damit zur Kategorie der Fremdkraftlenkanlagen [31]. Neben dem verbesserten Crashverhalten durch den Wegfall der Lenksäule steigen die Anforderungen an die Ausfallsicherheit und damit Kosten sowie Gewicht. Die Trennung der Radanlenkungen erlaubt zudem eine radindividuelle Ansteuerung und steigert die Funktionalität sowie die Bauraumausnutzung.[32, 36]

In Abbildung 2.7 sind das Prinzip eines Steer-by-Wire-Systems sowie die zugehörigen Komponenten dargestellt. Für ein realitätsnahes Lenkraddrehmoment am Rückmeldemotor ist die Kenntnis der Zahnstangenkräfte notwendig. Diese werden aus Kosten- und Laufzeitgründen geschätzt.[37]

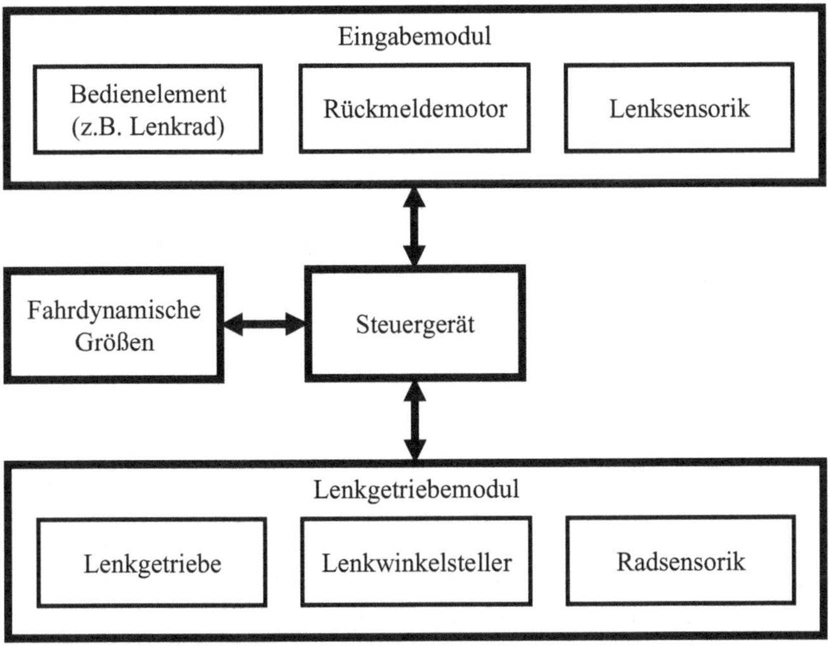

Abbildung 2.7: Prinzip eines Steer-by-Wire-Systems angelehnt an [32]

Ende des Jahres 2024 sind die ersten Serienfahrzeuge mit Steer-by-Wire-Systemen erhältlich und wurden bereits 2023 vorgestellt [38]. Durch die fehlende mechanische Rückfallebene und die Anzahl an beteiligten Komponenten muss aus Sicherheitsgründen bei der Entwicklung der Steer-by-Wire-Systeme Folgendes beachtet werden [31, 32, 39]:

- Unterbrechungsfreies, kontrollierbares und adäquates Lenkradmoment
- Betriebsgarantie über die gesamte Fahrzeuglebensdauer
- Mehrstufige redundante Rückfallebenen: Energieversorgung, RWA, SFA etc.
- Herbeiführung eines fahrzeugsicheren Zustands (fail-safe) bei Komponentenausfall

Die variablen Übersetzungskennlinien erlauben bei Lenkradwinkeln von $\delta_{STW} = \pm 150°$ vollen Radlenkwinkel und damit den Einsatz spezieller Lenkräder, welche die Sicht auf das Fahrerdisplay verbessern [40].

2.3 Lenkgefühl

Ziel dieser Arbeit ist ein realitätsnahes Lenkraddrehmoment über ein softwareseitiges Lenkungsmodell zu generieren, um das Lenkgefühl und das Fahrerlebnis in der virtuellen Fahrsimulationsumgebung an das reale Fahrgefühl heranzuführen. Im Nachfolgenden werden deshalb die allgemeine Definition, die für das Lenkgefühl signifikanten Parameter und Eigenschaften, als auch die menschliche Wahrnehmung erläutert.

2.3.1 Definition

Nach Harrer et al. [32] ist das Lenkgefühl ein subjektives Empfinden, das auf multiplexen Erfahrungen beruht und sich aus der Summe von haptischen, optischen und kinästhetischen Sinneswahrnehmungen zusammensetzt. Die subjektiven Beurteilungskategorien sind vielfältig und werden deshalb auf das On-Center-Handling beschränkt. Dieser Mittenbereich ist bis zu einer lateralen Fahrzeugbeschleunigung von $a_y \cong 1\,m/s^2$ [41] bzw. von $a_y = 2\,m/s^2$ [32] definiert, da sich der Normalfahrer hauptsächlich in diesem Areal aufhält, wobei im Alltag bis zu $a_y = 4\,m/s^2$ erreicht werden. Abbildung 2.8 zeigt die Abgrenzung des Bereichs der kumulierten Häufigkeit aus Autobahn-, Landstraßen- und Stadtfahrten bezüglich der erreichten Fahrzeug-Querbeschleunigung. Insbesondere das Lenkverhalten bei Geradeausfahrt, sogenannter Center-Point, ist für ein authentisches Lenkgefühl entscheidend und wird vorwiegend durch die Reibung im Lenksystem bestimmt, die ausführlich in Kapitel 2.5.1 erläutert wird. Normalfahrer erzielen eine Lenkradwinkelfrequenz f_{STW} bei Autobahnfahrten von $f_{STW} \approx 0{,}1\,Hz$ und bei Stadtfahrten von $f_{STW} \leq 0{,}3\,Hz$.[32]

Das Rückmeldeverhalten kann wiederum in unerwünschte Störgrößen aus Straßenbeschaffenheiten und Wettereinflüssen sowie in gewünschte Nutzinformationen unterteilt werden, die dem Fahrer Informationen über den Fahrzustand des Fahrzeugs übermitteln. Nach Harrer et al. [34, 42, 43] sind folgende, allgemein notwendige, Lenkungseigenschaften definiert:

- Niedriges und damit komfortables Lenkkraftniveau
- Direktes Ansprechverhalten
- Präzision und Zielgenauigkeit

- Rückmeldung von Straßen-Nutzinformationen
- Linearität des Lenkradmoments aus der Mittellage bis in den Grenzbereich

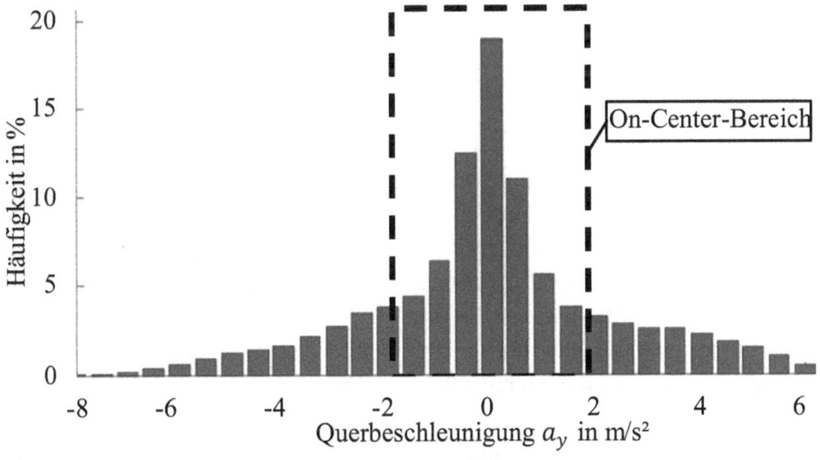

Abbildung 2.8: Relative Häufigkeit der vom Normalfahrer erzielten Querbeschleunigung kumuliert aus Autobahn-, Landstraßen- und Stadtfahrten inkl. Definition des On-Center-Bereichs, angelehnt an [32]

Für den Inhalt dieser Arbeit ist vorrangig das Lenkgefühl im engeren Sinn gemeint, das folgende Eigenschaften beinhaltet [44]:

- Lenkmomentenverlauf über dem Lenkradwinkel
- Rückstellverhalten
- Lenkungsreibung und Hysterese
- Elastizität und Dämpfung des Lenksystems

Die sekundären Kriterien beziehen sich auf die Reaktion des Fahrzeugs auf einen Lenkbefehl. Zur Vollständigkeit sind diese ebenfalls aufgeführt, werden jedoch nicht weiter erläutert da diese insbesondere für den Vergleich von unterschiedlichen Lenksystemen bei dem gleichem Fahrzeugtyp interessant sind. Darunter fallen folgende Aspekte [44]:

- Lenkmomentenverlauf beim Anlenken
- Lenkradmoment beim Weiterlenken

- Ansprechverhalten aus der Geradeausfahrt
- Ansprechverhalten unter Querbeschleunigung
- Lenkradwinkelbedarf
- Restlenkwinkel nach Kurvenfahrt

2.3.2 Menschliche Wahrnehmung und Fahrereinflüsse

Die Wahrnehmung bezogen auf das Lenkgefühl beschränkt sich größtenteils auf die haptischen Nutzinformation, d. h. auf einen vom Fahrer gestellten Lenkradwinkel wird ein zum Fahrzeugtyp passendes verzugsfreies Lenkradmoment erwartet und wahrgenommen. Die vom Fahrersitz eingeleiteten Kräfte zählen ebenfalls zur haptischen Wahrnehmung, da sie den Zustand des Fahrzeuges übermitteln können, wobei das Lenkrad die primäre Informationsquelle darstellt [45]. Die Fahrdynamik eines Fahrzeugs kann zudem über die optische Wahrnehmung bis etwa 0,5 Hz detektiert werden und Rückmeldung über den aktuell gewählten Lenkradwinkel geben [46, 47]. Die Bewegungswahrnehmung des Fahrverhaltens nimmt der Mensch über den vestibulären Sinn bis zu einer Frequenz von 1,5 Hz wahr [46]. Die akustischen Reize dienen insbesondere zur Detektion von anomalen Störgeräuschen wie dem Einfahren des Kraftschlussgrenzbereichs der Reifen, angekündigt durch Reifenquietschen. Diese Arbeit bezieht sich ausschließlich auf das Lenkgefühl im engeren Sinn und damit auf die haptische Rückmeldung des Lenksystems, ergänzt um akustische Komponenten durch die im Simulator verbauten Körperschallanreger. Abbildung 2.9 zeigt die haptischen Nutzinformationen inklusive detaillierter Zugehörigkeiten für das Lenksystem im Kraftfahrzeug.

Die Haptik ist in die taktile Wahrnehmung mit den Mechanorezeptoren der Haut und die Propriozeption mit Lage-, Kraftsinn und kinästhetischer Wahrnehmung unterteilt. Zur Oberflächensensibilität sind Mechanosensoren notwendig, die sich, gemäß Abbildung 2.10, unter der Haut befinden und aus Ruffini-, Meissner- und Vater-Pacini-Körperchen sowie den Merkelzellrezeptoren zusammensetzen. Während Merkelzellrezeptoren und Ruffini-Körperchen Druck und statische Kräfte bis zu 10 Hz registrieren können, erfassen Meissner-Körperchen Geschwindigkeitsänderungen und Frequenzen zwischen 20 bis 50 Hz.

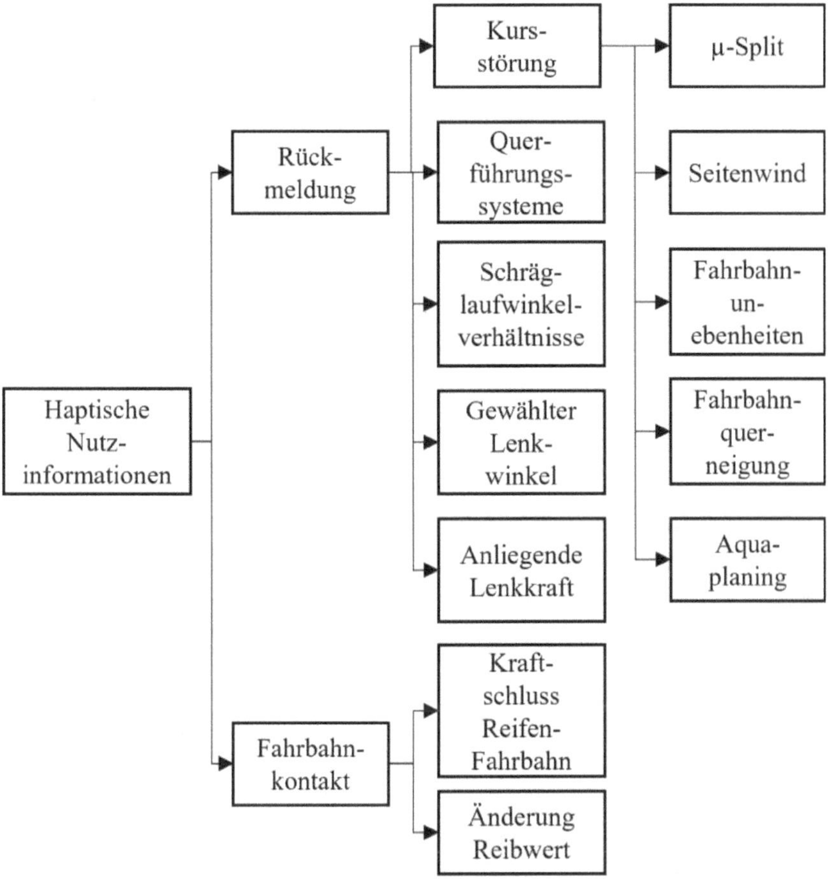

Abbildung 2.9: Haptische Nutzinformationen inkl. Unterbegriffe bezogen auf das Lenkungssystem im Fahrzeug angelehnt an [44]

Vater-Pacini-Körperchen sind für die Registrierung, jedoch nicht zur Lokalisierung von Vibrationen zwischen 100 bis 300 Hz zuständig. Die größte Anzahl an Mechanorezeptoren und damit die höchste Empfindlichkeit auf Reizeinwirkung besitzt der menschliche Körper an den Lippen und an den Fingerspitzen sowie den Händen. Für Frequenzen zwischen den genannten Bereichen liegt eine verminderte Wahrnehmung der Mechanosensoren vor [47–49].

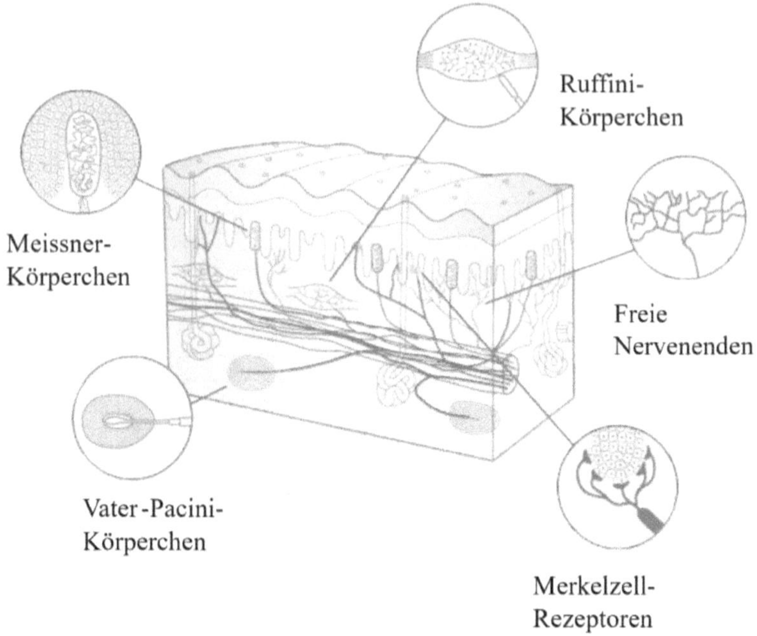

Abbildung 2.10: Aufbau der Mechanorezeptoren der Haut für die Oberflächensensibilität angepasst an [50]

Die Propriozeption dient der Registrierung der Orientierung eigener Körperteile und Gliedmaßen über Muskeln, Sehnen und Gelenke. Das Empfinden über die Muskelrezeptoren ist dabei von der Intensität und dem Gradienten des Reizes abhängig. Dies gilt auch für das Lenkradmoment und dessen zeitliche Änderung [5]. Allgemein wird dieser Zusammenhang unter anderem durch das Weber'sche Gesetz beschrieben. Hierbei gilt je höher der Grundreiz R desto höher die Reizschwelle, und ein größerer Reizunterschied ΔR ist notwendig. Diese Gesetzmäßigkeit lässt sich formulieren zu [51]:

$$\frac{\Delta R}{R} = c \qquad \text{Gl. 2.23}$$

Der Weber-Quotient c liegt mindestens zwischen 7 und 12 %. Demnach muss ein Reiz mindestens 7 % über dem Grundreiz liegen um über die menschlichen Sinne wahrgenommen werden zu können.[51]

Für die Betätigungskraft am Lenkrad gilt eine untere Differenzschwelle von 2,1 N um als Änderung erkannt zu werden, wobei das Weber'sche Gesetz nicht für alle Lenkwinkelbereiche gilt. Die maximale menschliche Wahrnehmung erfolgt bei Vibration zwischen 200 und 300 Hz. Die Schallemissionsquellen bei Lenkungen im Fahrzeug sind in Abbildung 2.11 aufgezeigt.[43]

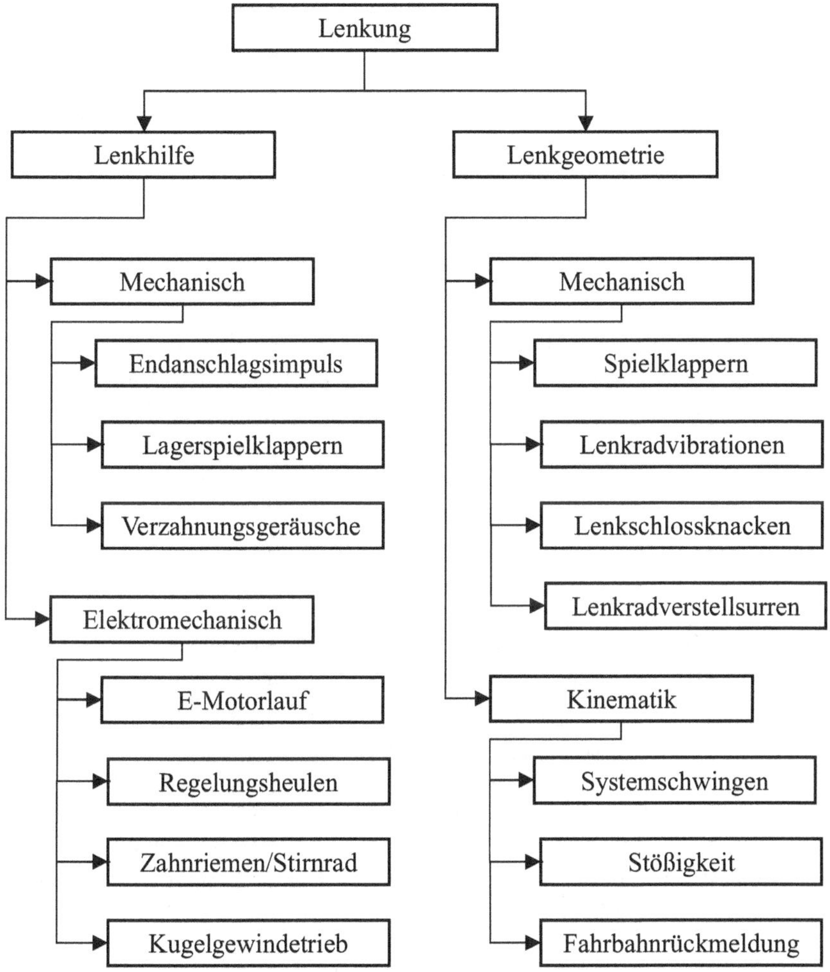

Abbildung 2.11: Schallemissionsquellen von Lenksystemen basierend auf [32]

Neben der durch die Hilfskraftunterstützung herrührenden elektromechanischen und mechanischen Geräusche liefern vor allem die Lenkgeometrie und die kinematische Auslegung der Lenkung Quelle für Systemschwingungen, Rückmeldeinformationen und Lenkradvibrationen.[32]

Auf Lenkradebene kann in die rotatorische Lenkraddrehschwingungen und in die translatorische Schwingungsformen, senkrecht zur Lenkradachse, unterschieden werden. Die rotatorische Anregung erfolgt durch unsymmetrische Brems- oder Spurstangenkräfte, die durch Tangentialkraftschwankungen an den gelenkten Vorderrädern entstehen. Demgegenüber entsteht das translatorische Lenkradzittern durch Radialkraftschwankungen, das zudem die Karosserie anregt und die Intensität verstärkt.[52]

2.3.3 Fahrmanöver und Bewertungskriterien

Zur Objektivierung von Lenksystemen eignet sich vor allem das Fahrmanöver "Weave-Test" nach ISO 13674 [41,53]. Des Weiteren werden "Einlenken" sowie "Einzelsinus" nach ISO 7401 [54] als geeignete Methoden aufgeführt [55]. Die Manöver werden als Open-Loop-Manöver, d. h. ohne Einfluss der Fahrerreaktion, und vorzugsweise bei 100 km/h durchgeführt. Der "Weave-Test" dient vor allem für die Parameteridentifikation der Lenkung im On-Center-Bereich und definiert zusammen mit der DIN ISO 8855 folgende Größen-Beziehungen [56]:

- Lenkradwinkel δ_{STW} über dem Lenkradmoment M_{STW}
- Gierrate $\dot{\psi}$ über dem Lenkradwinkel δ_{STW} und Lenkradmoment M_{STW}
- Querbeschleunigung a_y über dem Lenkradwinkel δ_{STW}
- Lenkradmoment M_{STW} über der Querbeschleunigung a_y

Alle aufgeführten Größen müssen im Fahrzeug messtechnisch erfasst werden, wobei das Lenkradmoment M_{STW} als das reine Handmoment ohne Trägheitseffekte des Lenkrades definiert wird. Folgende, in Abbildung 2.12 gezeigten, charakteristischen Werte sind dadurch ermittelbar [41, 53]:

- Winkelhysterese aus dem Winkeltotband
- Lenkungsreibung aus dem Drehmomenten-Totband
- Lenkungssteifigkeit aus dem Gradienten $\Delta M_{STW}/\Delta\delta_{STW}$
- Lenkungssensitivität und Ansprechverhalten
- Antwortzeit des Fahrzeuges auf Lenkbefehle

Daraus werden Lenkwinkelbedarf, Lenkkraft- und Reibungsniveau inklusive Hysterese-Totzone sowie Direktheit für den Mittenbereich abgeleitet. Je nach Fahrzeugklasse und Fahrzeugtyp werden andere Zielwerte definiert.[32]

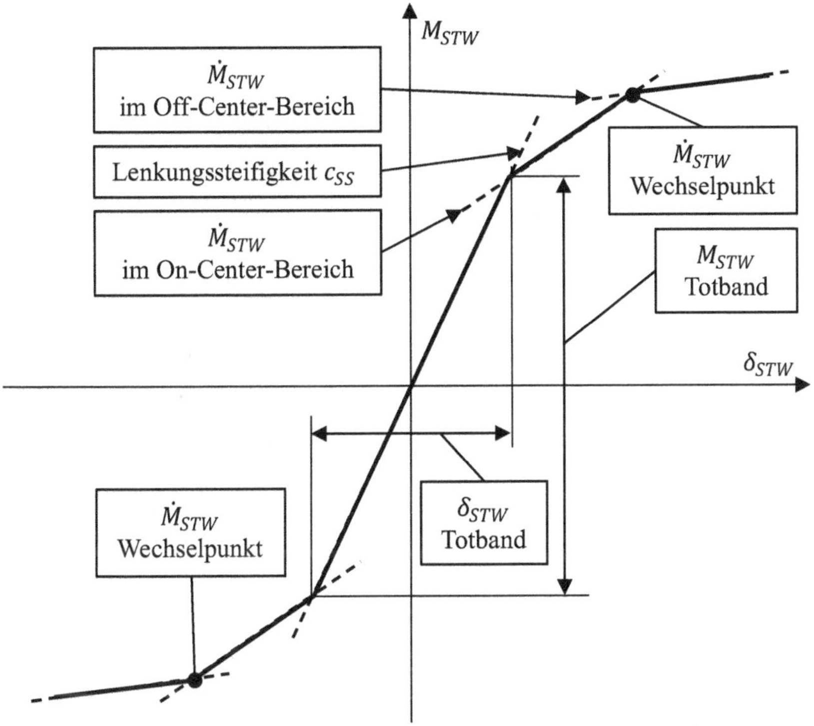

Abbildung 2.12: Charakteristische Kurve von Lenkradmoment über Lenkradwinkel für die Bestimmung von Lenkungssteifigkeit, Gradienten mit Wechselpunkten im On- und Off-Center-Bereich sowie den Totzonen, bestimmbar aus Weave-Test Messungen basierend auf [53]

Zur subjektiven Beurteilung des Lenkgefühls sind nach Harrer [34] geschlossene und offene Skalierungsmaßstäbe zweckmäßig. Die geschlossene Bewertungsskala wird beispielsweise für den Vergleich von zwei Lenkungssystemen miteinander verwendet. Der Wert null entspricht dem Optimum, wohingegen negative und positive Vorzeichen absteigende sowie aufsteigende Abweichungen definieren. Die offene Variante besitzt ausschließlich positive Werte und erlaubt eine Mittelwertbildung. Tabelle 2.1 zeigt einen Ausschnitt des in 3.1.3 verwendeten Fragebogens für die Bewertung des Lenkgefühls in den Probandenstudien. Je nach subjektivem Bewertungskriterium definiert der höchste oder der Wert in der Mitte das Optimum. Etabliert hat sich die Ordinalskala von eins bis zehn [57]. Der in den späteren Studien verwendete subjektive Befragungsbogen ist im Anhang in Abbildung A.1 und Abbildung A.2 aufgeführt.

Tabelle 2.1: Teil der subjektiven Bewertungs-Ordinalskala für das Lenkgefühl mit den Optima in der Mitte (oben) bzw. im maximalen Skalenbereich (unten) angelehnt an [57]

Lenkmoment im Mittenbereich	extrem	sehr	ziemlich	mäßig	eher	eher	mäßig	ziemlich	sehr	extrem
	niedrig					groß				
	1	2	3	4	5	6	7	8	9	10
On-Center-Gefühl	extrem	sehr	ziemlich	mäßig	eher	eher	mäßig	ziemlich	sehr	extrem
	schlecht					gut				
	1	2	3	4	5	6	7	8	9	10

2.4 Der Stuttgarter Fahrsimulator

Das entwickelte Softwaremodell der Lenkung ist für den Einsatz im Stuttgarter Fahrsimulator konzipiert. In diesem Kapitel sind der grundlegende Aufbau und die Funktionsweise, vor allem im Hinblick auf die Abbildung von Lenkkräften, des Stuttgarter Fahrsimulators näher aufgeführt.

2.4.1 Aufbau und Einsatzzweck

Der Stuttgarter Fahrsimulator besteht aus einer Kombination von Schlittensystem und aufgesetztem Hexapod mit Simulatorkuppel, siehe Abbildung 2.13. Mit 5,5 m Durchmesser kann in der Simulatorkuppel ein komplettes Fahrzeug-

Mockup eingebracht werden und die Wände der Simulatorkuppel dienen zugleich als Projektionsfläche für die Umgebungsvisualisierung. Durch den mechanischen Aufbau verfügt das System über acht Freiheitsgrade, wobei das Schlittensystem für Längs- und Querbeschleunigungen auf einer Fläche von 10 m x 7 m agiert. Die maximal erreichbaren Beschleunigungen liegen bei 8 m/s². Doppelspurwechsel sind damit skalierungsfrei und realitätsnah darstellbar. Der Hexapod ermöglicht die Vertikal- als auch die Roll-, Nick- und Gierbewegungen der Kuppel.[58]

Abbildung 2.13: Simulatorhalle mit Schlittensystem, Hexapod und Kuppel des Stuttgarter Fahrsimulators [58]

Für die Geräusch- und Schwingungsemission stehen Lautsprecher als auch Körperschallwandler an Kuppel, Karosserie und Lenkrad zur Verfügung. Das im Realfahrzeug vorkommende Frequenzband ist damit komplett wiedergebbar. Hierzu gehören Umgebungs-, Wind- und Motorgeräusche als auch Schwingungsanregungen durch variierende Fahrbahn-Beschaffenheiten. Es stehen zudem mehrere Fahrzeug-Mockups mit unterschiedlichen generischen Lenksystemen zur Verfügung: eine elektromechanische Lenkungsanlage mit achsparallelem Antrieb, der die aus der Fahrdynamik kalkulierte virtuelle Zahnstangenkraft zur Bestimmung des Lenkradmoments nutzt, als auch ein Force-Feedback-System (FFS), das dem Aufbau des Lenkaktuators (SFA) in Steer-by-Wire-Systemen entspricht.[59]

Die Kopplung mit weiteren Instituts-Prüfständen, wie dem Windkanal, Motor- und Antriebsstrang- als auch dem Handling Road Way- (HRW) Prüfstand ist möglich. Die Eignung des Stuttgarter Fahrsimulators für die subjektive Bewertung, Analyse und Applikation von querdynamischen Fahrzeugverhalten konnte im Umfang eines Industrieprojektes mit der Honda R&D Europe (Deutschland) GmbH bestätigt werden. Des Weiteren sind reproduzierbare Grundlagenuntersuchungen hinsichtlich Komfort- und Sicherheitsempfinden für verschiedene Lenkfrequenzen einschließlich Fahrzeugantworten durchgeführt und bewertet worden. Eine derartige Validierung eines Prüfstands ist für die spätere aussagekräftige Probandenstudie notwendig.[58]

2.4.2 Haptisches Feedback

Für die Erzeugung eines realistischen generischen Lenkradmoments kommen, in Abbildung 2.14 dargestellt, reale Lenkungs- oder Force-Feedback-Systeme zum Einsatz [59]. Letztere bestehen aus einem direkt gekoppelten permanenterregten Synchronmotor mit Winkelsensor und angeflanschtem Lenkrad. Diese Konfiguration erlaubt bei geeigneter mechanischer Lagerung eine maximale Feinfühligkeit, nahezu ohne Reib- oder Rastmomente [60]. Nachteilig sind der Bedarf der hohen Stelldynamik und die Notwendigkeit eines präzise parametrierten Softwaremodells für die Berechnung des Lenkradmoments. Erhältliche Lösungen auf dem Markt, wie das SensoWheel der Firma SENSODRIVE GmbH, erreichen Spitzendrehmomente über 16 Nm bei einer Zykluszeit von 1 ms, einer Winkelauflösung von unter 1/100° und einer Drehmomentauflösung von 0,03 Nm [6]. Diese Konfiguration kann auch indirekt erfolgen, so dass der Servomotor als Linearmotor auf Zahnstangenebene verbaut wird. Das Lenksystem von Lenkrad bis zur Zahnstange einschließlich der Kardangelenk-Charakteristik ist somit mechanisch vorhanden. Die MdynamiX AG bietet Lösungen an, welche die aus dem Pfeffer-Lenkungsmodell berechneten virtuellen Zahnstangekräfte über die Spurstangen einleiten und dabei in bewegten Simulatoren Kräfte bis zu 8 kN erreichen [61]. Dieser Aufbau ist im advanced Vehicle Driving Simulator der Hochschule Kempten zu finden [62].

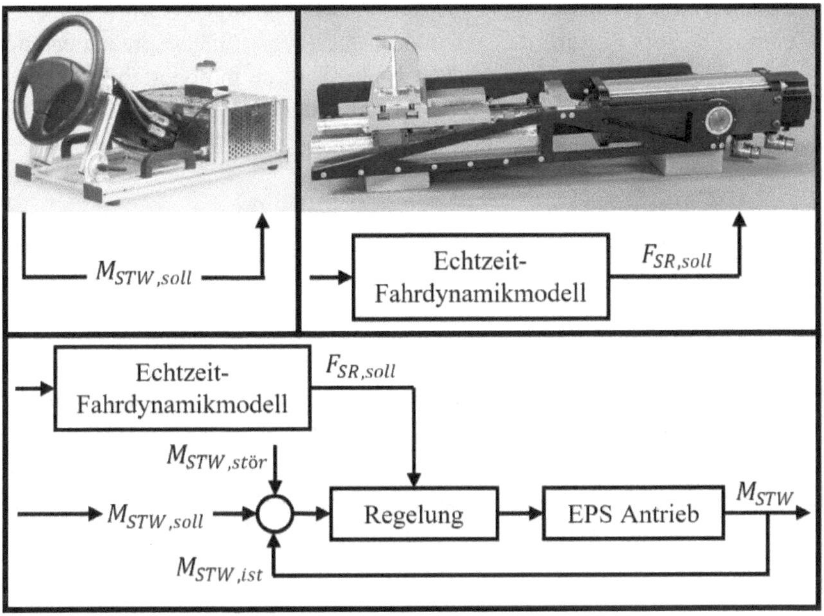

Abbildung 2.14: Lenkungsaktuatoren in der Fahrsimulation: Force-Feedback-System als Open-Loop-Variante, Zahnstangen-Aktuator [61] und die drehmomentgeregelte EPSapa Lenkung in Closed-Loop-Architektur durch Nutzung eines Fahrdynamik-Softwaremodells im Stuttgarter Fahrsimulator [59]

Das Pfeffer-Lenkungsmodell ist in Abschnitt 2.5.1 aufgeführt. Bei Zahnstangekräften von bis zu 15 kN ist die notwendige Leistungsreserve für die Abdeckung aller Fahrmanöver nicht vollkommen gegeben [32], jedoch entsteht durch die Verwendung der virtuellen Zahnstangenkraft und des existierenden realen Lenksystems ein optimales Center-Point-Gefühl. Als weitere Möglichkeit nutzt der Stuttgarter Fahrsimulator eine reales Lenksystem mit interner Drehmomentregelung über den Torsionsstab und virtueller Zahnstangenkraft F_{SR}. Die vom virtuellen Fahrzeug-Softwaremodell kalkulierten Kräfte gelangen als Störgröße $M_{STW,stör}$ in den Kreislauf und werden ausgeregelt. Dies erlaubt ein verzugsfreies und realistisches Mittengefühl, wobei eine mechanische Abhängigkeit gegeben ist.[59]

2.5 Generisches Lenkradmoment

Zur simulativen Nachbildung von Lenksystemen kommen verschiedene Softwaremodelle zum Einsatz, die sich in der Anzahl von Freiheitsgraden und der Reibmodellierung unterscheiden. Neben physikalisch motivierten Lenkungsmodellen wurden bereits Black-Box-Systeme untersucht, die mit künstlicher Intelligenz versuchen das resultierende Lenkradmoment zu kalkulieren.

2.5.1 Physikalische Modellierung

Reibung und Hysterese

Für das Lenkgefühl im On-Center-Bereich spielt die Reibung, vorrangig die Reibung im Lenkgetriebe, eine tragende Rolle. Aufgrund Elastizität von Material und Lagerung tritt zudem ein Hystereseverhalten auf. Um diese Sachverhalte softwareseitig zu beschrieben, müssen dynamische Reibmodelle verwendet werden, die Hysterese, instationäre Losbrechkräfte und Stick-Slip-Effekte berücksichtigen [63]. Bezüglich Lenksystemen eignen sich folgende Modellansätze:

- Exponentielle-Feder-Reibung (Exponential Spring Friction, ESF)
- Exponentielle-Feder-Reibung mit Maxwell-Element (ESF-M)
- Exponentielle-Feder-Reibung mit tangens hyperbolicus Funktion (ESF-tanh)
- Lund-Grenoble (LuGre)-Reibmodell

Die Feder-Reibung-Konfigurationen nutzen eine exponentielle Federkennlinie mit begrenzter Kraft $F_{ESF,max}$ und einen Slider als gleitendes Weg-Element. In Abbildung 2.15 sind das Element und die degressive sowie richtungsabhängige Kennlinie mit Begrenzung inklusive Hysterese dargestellt. Die resultierende Kraft F_{ESF} ergibt sich in Abhängigkeit des Wegs x und der Federsteifigkeit c_{ESF} sowie der maximalen absoluten Kraft $F_{ESF,max}$ zu [64]:

$$F_{ESF}(x) = F_{ESF,max}\left(1 - e^{\frac{c_{ESF}}{F_{ESF,max}}x}\right) \quad \text{Gl. 2.24}$$

In Kombination mit einem parallelen exponentiellen Maxwell-Element, d. h. exponentielle Feder-Dämpfer-Reihenschaltung, kann zudem die

Geschwindigkeitsabhängigkeit miteinbezogen werden. Dieser Ansatz ist ebenfalls in Abbildung 2.15 visualisiert.

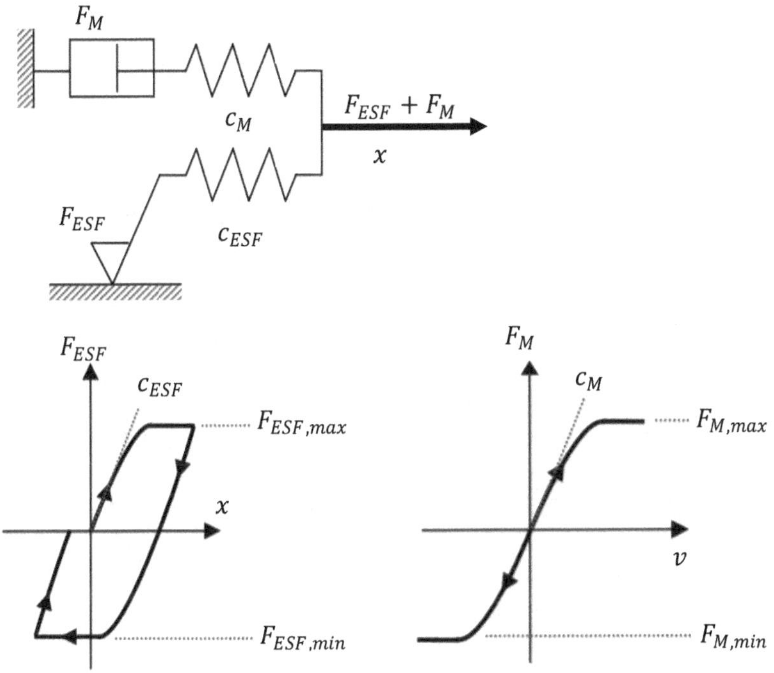

Abbildung 2.15: ESF-M-Modell sowie Kennlinie von ESF und Maxwell-Element angelehnt an [64]

Das Maxwell-Element wird definiert über die Auslenkungsgeschwindigkeit $\dot{x}$, einem Gradienten c_M und einer maximalen absoluten Kraft $F_{M,max}$ [65]:

$$F_M(x) = F_{M,max}\left(1 - e^{-\frac{c_M}{F_{M,max}}\dot{x}}\right) \qquad \text{Gl. 2.25}$$

Die Reibkraft für eine Exponentielle-Feder-Reibung in Kombination mit einem Maxwell-Element F_{ESF-M} ergibt sich damit zu [64, 65]:

$$F_{ESF-M}(x) = F_{ESF}(x) + F_M(x) =$$
$$F_{ESF,max}\left(1 - e^{\frac{c_{ESF}}{F_{ESF,max}}x}\right) + F_{M,max}\left(1 - e^{-\frac{c_M}{F_{M,max}}\dot{x}}\right) \qquad \text{Gl. 2.26}$$

Für einfache Parametrierung als auch um minimale Rechenzeit anzustreben wird das Maxwell-Element gegen einen geschwindigkeitsabhängigen hyperbolischen Tangens ersetzt [66] und er beschreibt, ähnlich zu Gl. 2.26, dessen Ausgangskraft F_{tanh} in Abhängigkeit von der Auslenkungsgeschwindigkeit $\dot{x}$ mit der limitierenden Kraft $F_{tanh,max}$ und dem Gradienten c_{tanh} zu:

$$F_{tanh}(x) = F_{tanh,max} \cdot \tanh(c_{tanh} \cdot \dot{x}) \qquad \text{Gl. 2.27}$$

Analog zur Gleichung Gl. 2.26 definiert sich die Reibkraft der Exponentiellen-Feder-Reibung mit hyperbolischem Tangens [66] $F_{ESF-tanh}$ zu:

$$F_{ESF-tanh}(x) = F_{ESF}(x) + F_{tanh}(x) = F_{ESF,max}\left(1 - e^{\frac{c_{ESF}}{F_{ESF,max}}x}\right) + F_{tanh,max} \cdot \tanh(c_{tanh} \cdot \dot{x}) \qquad \text{Gl. 2.28}$$

Als weiterer Vertreter der nichtlinearen dynamischen Reibung eignet sich zudem das Lund-Grenoble-Reibmodell. Der tribologische Kontakt zweier steifer Oberflächen relativ zueinander wird über nachgiebige Borsten beschrieben. Der Lund-Grenoble-Reiboperator besteht aus drei Teilen, welche die Borstensteifigkeit und Durchbiegung, die Geschwindigkeitsabhängigkeit aus der Borstenbewegung und den resultierenden viskosen Reibkraftanteil beinhalten. Die Reibkraft F_{LuGre} ergibt sich allgemein zu [63, 67, 68]:

$$F_{LuGre} = \sigma \cdot x(\cdot) + f_D(\tau) \cdot \dot{x}(\cdot) + f_v(\tau) \qquad \text{Gl. 2.29}$$

mit der mittleren Borstenverformung $x(\cdot)$ als Differentialgleichung 1. Ordnung und der Borstensteifigkeit σ_B, der Relativgeschwindigkeit τ sowie der geschwindigkeitsabhängigen Stribeck-Funktion $h(\tau)$:

$$\dot{x} = \tau - \sigma_B \frac{|\tau|}{h(\tau)} x(\cdot). \qquad \text{Gl. 2.30}$$

Die Stribeck-Funktion ist wiederum definiert mit der statischen Reibkraft F_S und der Coloumb'schen Reibkraft F_C sowie der Stribeck-Geschwindigkeit τ_S und dem Stribeck-Formfaktor, wobei dieser zu $c_S = 2$ gewählt wird, als [63, 67, 68]:

$$h(\tau) = F_C + (F_S - F_C) \cdot e^{-\left(\frac{\tau}{\tau_S}\right)^{c_S}}. \qquad \text{Gl. 2.31}$$

Die Dämpfungsfunktion $f_D(\tau)$ im zweiten Teil von Gl. 2.29 ist gegeben mit dem Dämpfungsreibkoeffizienten ν_D, der Dämpfungsgeschwindigkeit τ_D und dem Dämpfungskoeffizienten c_D durch:

$$f_D(\tau) = \nu_D \cdot e^{-\left(\frac{|\tau|}{\tau_D}\right)^{c_D}}. \qquad \text{Gl. 2.32}$$

Mit steigender Geschwindigkeit verschwindet damit der Anteil der Dämpfung. Der letzte Teil der Gleichung von Gl. 2.29 beschreibt den nichtlinearen Anteil der Viskosität mit dem viskosen Reibkoeffizient ν und der viskosen Reibkonstanten c_ν, diese wird teilweise vernachlässigt, wodurch folgende Definition wegfällt:

$$f_\nu(\tau) = \nu \cdot |\tau|^{c_\nu} \cdot sign(\tau) \qquad \text{Gl. 2.33}$$

Die Lund-Grenoble-Reibkraft F_{LuGre} ist damit definiert zu:

$$F_{LuGre} = \sigma \cdot x(\cdot) + \nu_D \cdot e^{-\left(\frac{|\tau|}{\tau_D}\right)^{c_D}} \cdot \left(\tau - \sigma_B \frac{|\tau|}{h(\tau)} x(\cdot)\right) + \nu \cdot |\tau|^{c_\nu} \cdot sign(\tau) \qquad \text{Gl. 2.34}$$

Ein beispielhafter Reibwertverlauf aus der Lund-Grenoble-Gleichung Gl. 2.34 ist in Abbildung 2.16 aufgezeigt. Hieraus ist die Hysterese bzw. die Geschwindigkeitsabhängigkeit ersichtlich sowie die Approximation an die Stribeck-Kurve.

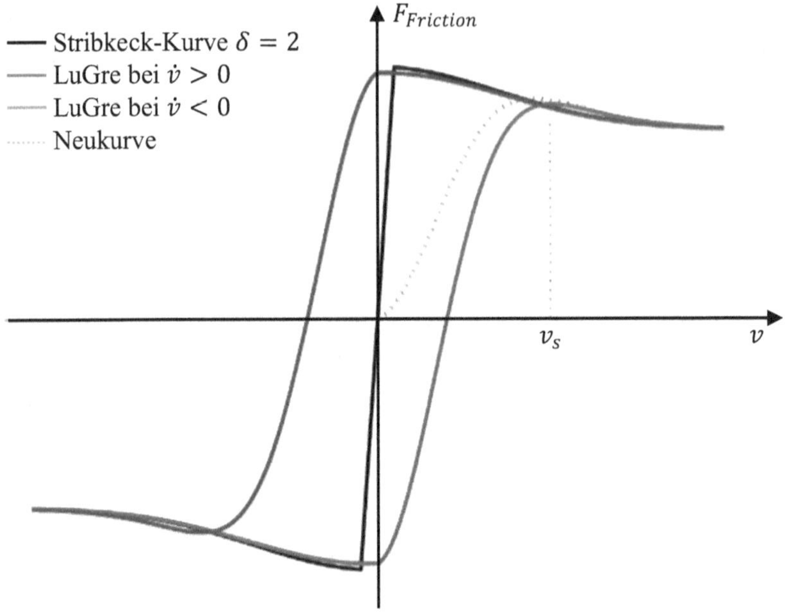

Abbildung 2.16: Geschwindigkeits- und richtungsabhängiger Lund-Grenoble-Reibkraftverlauf gegenüber der Stribeck-Kurve angepasst an [69]

Das Pfeffer-Lenkungsmodell

Das Lenkungsmodell nach Peter Pfeffer ist der etablierteste Ansatz für die Nachbildung aktueller Lenksysteme und ermöglicht die Abdeckung der verschiedensten, in Abschnitt 2.2.1 aufgeführten, Bauarten. Abbildung 2.17 zeigt den schematischen Aufbau des Lenkungsmodells mit drei Freiheitsgraden, wie es auch in der Fahrdynamik-Software IPG CarMaker zum Einsatz kommt [70]. Als Eingabebefehl dient entweder der Lenkradwinkel oder das Lenkradmoment. Das mechanische Modul enthält das Lenkrad, die Lenksäulen sowie die Zahnstange, definiert über Massen m und Trägheiten I, Dämpfungen d und Elastizitäten c. Des Weiteren besitzt jede Komponente ein tribologisches Verhalten, wie zu Beginn in 2.5.1 aufgeführt. Kreuzgelenkpositionen, Elastizitätselement (Hardy Disc), Drehmomentsensorcharakteristik und Übersetzungsverhältnis des Lenkgetriebes sind ebenfalls inbegriffen. Das zweite Modul erlaubt die Implementierung der Lenkkraftunterstützung für hydraulische

(Hydraulic Power Steering, HPS) als auch elektromechanische Lenksystem-Varianten. Hierbei kann eine fahrgeschwindigkeitsabhängige Unterstützungskurve abgebildet werden und erlaubt eine bedarfsgerechtes Lenkradmoment.

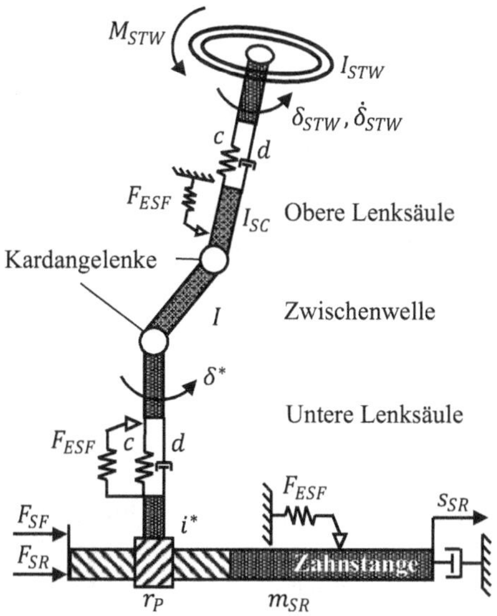

Abbildung 2.17: Das Pfeffer-Lenkungsmodell für ein EPS-Lenksystem mit in dieser Arbeit verwendeten und allgemeinen physikalischen Parametern angelehnt an [71]

Vereinfachte Lenkungsmodelle

Das im vorherigen Abschnitt gezeigte Pfeffer-Lenkungsmodell wird allgemein auch als Modell mit drei Freiheitsgraden (Deegree of Freedom, DoF) bezeichnet bzw. als Referenz-Lenkungsmodell, aufgrund der Berücksichtigung zahlreicher konstruktiver Bauteile der realen Lenkungsanlage. Im mechanischen Modulteil werden 31 Parameter benötigt, die über Messungen auf Prüfständen und Messfahrten identifiziert werden müssen. Aus diesem Grund existieren vereinfachte Lenkungsmodelle mit weniger Freiheitsgraden. Diese erlauben eine einfachere Parametrierung und die Reduzierung des Rechenaufwands bei Echtzeitanwendungen. Die Fahrdynamik-Software IPG CarMaker [70] erlaubt zudem die Verwendung eines Modells mit null bzw. einem Freiheitsgrad, wobei der Lenkungsstrang als steif angenommen wird. Im einfachsten Fall kann der Zahnstangenweg s_{SR} direkt über den Lenkradwinkel und das Übersetzungsverhältnis i berechnet werden zu:

$$s_{SR} = \frac{\delta_{STW}}{i} \qquad \text{Gl. 2.35}$$

Im dynamischen Modell mit einem Freiheitsgrad erlaubt die Berücksichtigung von Massen und Dämpfungen die Kalkulation der Zahnstangenposition über die Zahnstangenbeschleunigung und -geschwindigkeit.[71]

Cianetti et al. [72] beschreiben ein vereinfachtes und reduziertes Lenkungsmodell, das mit dem Referenz-Lenkungsmodell verglichen wird. Beide Modelle der Lenkung sind in Abbildung 2.18 aufgezeigt. Im Ansatz enthalten sind signifikante Parameter wie das Übersetzungsverhältnis und die Torsionsstabsteifigkeit. Alle weiteren physikalischen Größen werden als Ersatzmasse, -steifigkeit und -dämpfung auf die Zahnstangenebene umgerechnet. Als Reibmodell wird die Exponentielle-Feder-Reibung mit Maxwell-Element auf Zahnstangenebene verwendet, die aus Abschnitt 2.5.1 bekannt ist. Beide Modelle zeigen für die Manöver "Sinusoidal" und "Frequency Sweep" vergleichbare Ergebnisse, so dass sich dieses vereinfachte Modell der Lenkung insbesondere für den On-Center-Bereich eignet und lediglich acht statt 31 Parameter beinhaltet.[72]

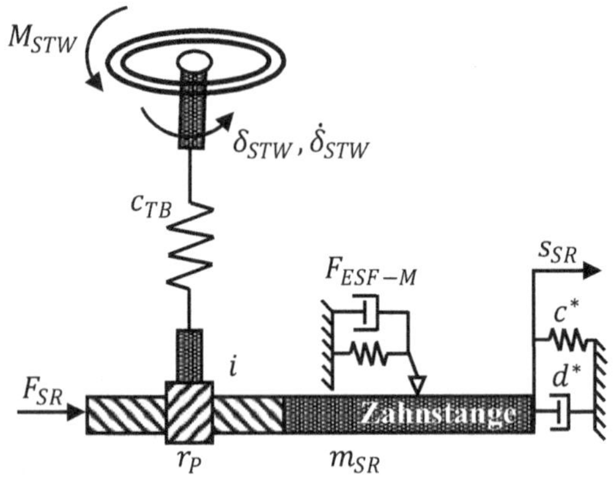

Abbildung 2.18: Reduziertes und auf Zahnstangenebene ausgelegtes physikalisches Lenkungsmodell mit in dieser Arbeit verwendeten physikalischen Parametern angelehnt an [72]

2.5.2 Black-Box-Modellierung

In den letzten Jahren wurden Veröffentlichungen bekannt, die eine datengetriebene Lenkmomentenerzeugung mit Hilfe von künstlichen neuronalen Netzwerken umsetzen [73–75]. Die zum Training des neuronalen Netzes benötigten Daten werden entweder direkt aus dem Fahrzeugbus oder zusätzlich über separate Messausrüstung aufgezeichnet. Das Soll-Lenkradmoment kann dabei auch synthetisch erzeugt werden [73]. Einsatzzweck für Echtzeitsysteme sind aktuell die Lenkaktuatoren in Steer-by-Wire-Systemen. In Fahrsimulatoren sind bisher keine Veröffentlichungen bekannt. Durch die Black-Box-Modellierung mit künstlicher Intelligenz ist das Verhalten der realen mechanischen Lenkung sowie dessen nicht-lineares Systemverhalten ohne explizite Kenntnisse abbildbar. Als Netzarchitekturen werden vorwärtsgerichtete neuronale Netze (Feed Forward Neural Networks, FFNN) verwendet, die mit den Eingangsgrößen aus dem Fahrzeugbus $\delta_{STW}, \dot{\delta}_{STW}, v, a_y, \omega_z$ versuchen dem künstlichen neuronalen Netz ein gemessenes oder ein synthetisch generiertes Lenkradmoment M_{STW} anzutrainieren [76]. Die Modellierung des realen Lenksystemverhaltens erfolgt als Black-Box. Da nicht alle Fahrmanöver abgedeckt werden können, gibt es im Betrieb unbefriedigende Lenkradmomente, vor allem im Stillstand und bei dynamischer Fahrweise, außerhalb des in Kapitel 2.3 definierten On-Center-Bereichs. Des Weiteren ist der Modellausgang für unbekannte Eingangskonstellationswerte nicht vorhersagbar und die Sicherheitsanforderungen nach Kapitel 2.2.2 sind gefährdet. Die Aufnahme statistischer Größen, bekannt aus Kapitel 2.1.1, von vergangenen Zeitschritten im Eingangsvektor des neuronalen Netzes erlaubt eine Fehlersenkung von 25 %. Die ausbleibende haptische Rückführung von Fahrbahninformationen generiert dabei ein synthetisches Lenkgefühl. Als Lösung wird die Aufnahme von Eingangsgrößen definiert, welche die Belastung des Lenkgetriebes beinhalten.[76]

Weitere Publikationen weisen auf die Verwendung anderer Netzarchitekturen sowie das Verbesserungspotential mit Clustering-Verfahren der Trainingsdaten hin. Die Hyperparameter bzw. die Ermittlung der Netzwerkgröße erfolgt empirisch in Gittersuchverfahren. Die Größe der Netzwerkschichten sind im Bereich von 1 bis 4 verdeckten Schichten (Hidden-Layern) mit bis zu 64 Neuronen je Schicht.[73, 75]

Zudem erfolgt der Vergleich von mathematisch basierten und Black-Box-Modellen mit neuronalen Netzen, wobei Lenkwinkelfrequenz und Fehler korrelieren. Auf Grundlage dieser Erkenntnisse wird für das Lenkgefühl respektive das Lenkradmoment ein mathematsch basiertes Modell und für nichtlineare Einflüsse der Zusatz mit künstlicher Intelligenz empfohlen, wobei die Systemarchitektur nicht spezifiziert wird.[75]

2.6 Künstliche neuronale Netze

In diesem Kapitel werden die künstlichen neuronalen Netze sowie deren Aufbau erläutert. Des Weiteren werden die Arbeitsweise als auch die notwendigen Algorithmen aufgeführt. Hierzu gehört die Datenvorbereitung mit Auswahl und Aufbereitung geeigneter Trainingsdaten.

2.6.1 Aufbau und Arbeitsweise

Grundidee von künstlicher Intelligenz ist die Nachahmung der Informationsverarbeitung des menschlichen Gehirns. Dieses besteht aus Neuronen, die über Synapsen verbunden sind. Bei künstlichen neuronalen Netzen werden diese Neuronen und dessen Verbindungen durch nichtlineare mathematische Funktionen beschrieben und in Schichten, sogenannten Layern, zusammengefasst. Der Informationsfluss bei vorwärtsgerichteten neuronalen Netzen erfolgt von einer Schicht zur nächsten. Beim überwachten Lernen werden dem Netzwerk die Eingänge oder Inputs als auch der Ziel-Sollausgang vorgegeben. Beim Training wird die Abweichung zwischen Ist- und Sollausgang durch Anpassung der Parameter minimiert. Grundbaustein ist das Neuron, das sich mathematisch über den Eingang bzw. Output der vorherigen Schicht z_j, der linearen Abbildung q, mit der Gewichtung w_j und dem Bias b_{NN}, sowie der nichtlinearen Aktivierungsfunktion g, definiert zu [77]:

$$h(z_j) = g\left(q(z_j)\right) = g\left(\sum_j w_j z_j + b_{NN}\right) \qquad \text{Gl. 2.36}$$

Für die Aktivierungsfunktion g werden vorwiegend die Rectifier- (Rectified Linear Unit, ReLU), die Sigmoid-Funktion als auch der hyperbolische Tangens (tanh) verwendet. Abbildung 2.19 zeigt die grafische Darstellung der aufgezählten Aktivierungsfunktionen. Der hyperbolische Tangens ist gegenüber der Rectifier-Funktion nichtlinear und im Vergleich zur Sigmoid-Funktion zusätzlich punktsymmetrisch zum Ursprung, weshalb dieser vorzugsweise Anwendung findet, da positive und negative Werte gleich gewichtet werden. Die Wahl der Aktivierungsfunktion ermöglicht dem Neuron und dem daraus aufgebauten Netz die Approximation an nichtlineare Zielfunktionen. Der Aufbau eines vorwärtsgekoppelten neuronalen Netzwerks besteht aus Eingangs-, verdeckter und Ausgangs-Schicht. Da von außen die Eingangs- (Input-Layer) und die Ausgangs-Schicht (Output-Layer) zugänglich sind, werden die tieferen und verdeckten Schichten als Hidden-Layer bezeichnet.[77, 78]

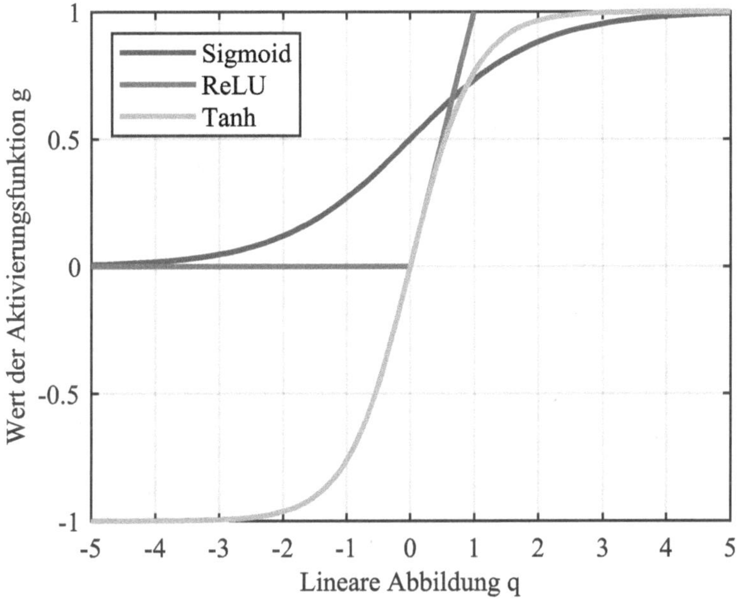

Abbildung 2.19: Verlauf der nichtlinearen Rectifier-, Sigmoid- und Tanh-Aktivierungsfunktion für die mathematische Beschreibung eines Neurons

Beim Trainieren eines neuronalen Netzwerks wird versucht die Parameter jedes einzelnen Neurons derart anzupassen, damit der erzeugte Ausgang dem vorgegebenen Ausgang des überwachten Lernens entspricht und die Abweichung minimal wird. Mathematisch wird dieser Sachverhalt über eine

Verlustfunktion definiert, wobei der L2-Verlust $L(\theta)$, d. h. der mittlere quadratische Fehler aller Spalteneinträge l, Verwendung findet. Mit den Parametern der Neuronen θ sowie der Abweichung bzw. Fehler zwischen Soll- und Ist-Ausgang e_i ist dieser folglich definiert zu:

$$L(\theta) = \frac{1}{l}\sum_{j=1}^{l}\sqrt{\sum_{j} e_j^2} \qquad \text{Gl. 2.37}$$

Aufgrund der Parameteranzahl in θ ist die gesuchte Verlustfunktion entsprechend hochdimensional, weshalb die Zielsuche auf ein lokales anstelle des globalen Minimums beschränkt und über das Gradientenabstiegs-Verfahren umgesetzt wird. Die Schrittweite dieses Verfahrens wird Lernrate η genannt und bestimmt die Konvergenz des Trainingsalgorithmus bezüglich der Verlustfunktion. Aufgrund der Differenzierbarkeit ist die Wahl der Aktivierungsfunktion entscheidend. Beim Trainieren wird die Backpropagation verwendet. Der ermittelte Fehler wird rückwärts durch das Netz geschleust, um die einflussreichsten neuronalen Parameter anzupassen. Die Anpassung aufgrund der Backpropagation pflanzt sich damit im Netzwerk rückwärts fort und erhält dadurch den Namen. Ein vollständiger Durchlauf des Netzwerks beim Training wird als Epoche bezeichnet. Die Gesamtzahl aller Durchläufe wird als Epochenlänge bezeichnet. Der Trainingsdatensatz kann dabei komplett oder in mehrere Stapel, sogenannte Batches, unterteilt werden. Die Anzahl an Epochen als auch die Stapelgröße gehören ebenfalls zu den Hyperparametern und beeinflussen die Generalisierungsfähigkeit sowie die notwendige Trainingsdauer des neuronalen Netzes. Zur optimalen Ausnutzung von Trainingsdaten und einer deterministischen Aktualisierung der Parameter, gemäß Gl. 2.36, wird der komplette Trainingsdatensatz verwendet, was wiederum die Trainingseffizienz verschlechtert [79].[77, 78, 80]

Das anwendungsbezogene Ziel beim Trainieren eines neuronalen Netzes ist es, auf unbekannte Eingabedaten brauchbare Ausgangsgrößen zu liefern. Für das Lernen aller zur Generalisierung notwendigen Informationen muss das Netz ausreichend und mit abwechslungsreichen Daten trainiert, jedoch nicht übertrainiert werden, da es sonst zur Überanpassung und zum Auswendiglernen von Eingangsdaten kommt. Methoden wie Dropout-Schichten, bei denen ganze Ausgänge von Neuronen weggelassen werden, reduzieren die Netzgröße und erhöhen die Konvergenzgeschwindigkeit. Eine weitere Möglichkeit ist die Erweiterung der Verlustfunktion nach Gl. 2.37 um einen additiven

Term, damit die Ausdrucksfähigkeit verringert wird. Dieser Ansatz wird als Regularisierung bezeichnet und kann über die Ridge- oder L2-Regularsierung aus der Regularisierungsstärke λ und der Summe der Gewichte einer Schicht W_j umgesetzt werden [77]:

$$R_{L2} = \lambda \cdot \sum_j W_j^2 \qquad \text{Gl. 2.38}$$

Damit wird die Verlustfunktion aus Gl. 2.37 zu:

$$L_2(\theta) = \frac{1}{l} \sum_{j=1}^{l} \sqrt{\sum_j e_j^2} + \lambda \cdot \sum_j W_j^2 \qquad \text{Gl. 2.39}$$

2.6.2 Datenfluss beim maschinellen Lernen

Im vorangegangenen Abschnitt wurden der grundlegende Aufbau und die Arbeitsweise von vorwärtsgerichteten neuronalen Netzen erläutert. Bevor das eigentliche Training durchgeführt werden kann, muss eine geeignete Menge an Daten, beispielsweise Messdaten, erzeugt oder aufgezeichnet werden. Im Fall von Messdaten aus unterschiedlichen Quellen muss eine Zeitsynchronisierung stattfinden. Im ersten Schritt erweist sich eine Plausibilitätsprüfung als sinnvoll, bei der alle Werte auf Aufreißer, Leerstellen oder Duplikate examiniert werden. Bei den Eingangsgrößen (Features) des Input-Layers mit unterschiedlichen Wertebereichen sollten diese skaliert werden. Hierfür sind drei Methodiken im Einsatz [81]:

1. Min-Max-Skalierung: Der Wertebereich aller Features wird auf [0:1] skaliert
2. Normierung: Der Wertebereich der Features wird auf [-1:1] normiert
3. Standardisierung: Features werden normiert und besitzen Mittelwert null sowie Varianz eins

Erfolgt diese Merkmalsskalierung bei unterschiedlichen Wertebereichen nicht, wird während der Backpropagation der Gradient je nach Feature-Wertebereich oszillieren. Dies verlängert die Trainingsdauer und kann die Konvergenz verhindern. Nach der Skalierung besitzt die Verlustfunktion eine symmetrische Form, und der Gradientenabstieg kann stetig und bei höheren

Lernraten erfolgen. Um die notwendigen Features für ein neuronales Netz festzulegen, kommt eine Sensitivitätsanalyse unter der Verwendung der Varianz zum Einsatz. Alle im Datensatz enthaltenen Größen werden miteinander sowie mit dem Soll-Ausgang (Label) verglichen. Ein etablierter Ansatz ist die Begutachtung der Varianz und des Mittelwertes, wobei Features mit Varianz null aus dem Datensatz entfernt werden können. Des Weiteren können Features mit ausgeprägtem linearem Zusammenhang um den entsprechenden Partner reduziert werden. Ein Maß stellt der Korrelationskoeffizient nach Gl. 2.6 dar. Sind alle Eingangsgrößen festgelegt, müssen diese ebenfalls mit dem (Soll-)Ausgang bzw. dem Label verglichen werden, wobei hier eine ausgeprägte Korrelation erwünscht ist.[81]

Der angepasste Datensatz muss anschließend in Validierungs-, Trainings- und Testdaten aufgeteilt werden. Nach empirischen Studien eignet sich eine Verteilung von 15:70:15 [82]. Abbildung 2.20 zeigt die Aufsplittung der Datenmenge. Das trainierte Netz wird mit den Validierungsdaten während sowie am Ende des Trainings mit dem Testdatensatz geprüft.[77]

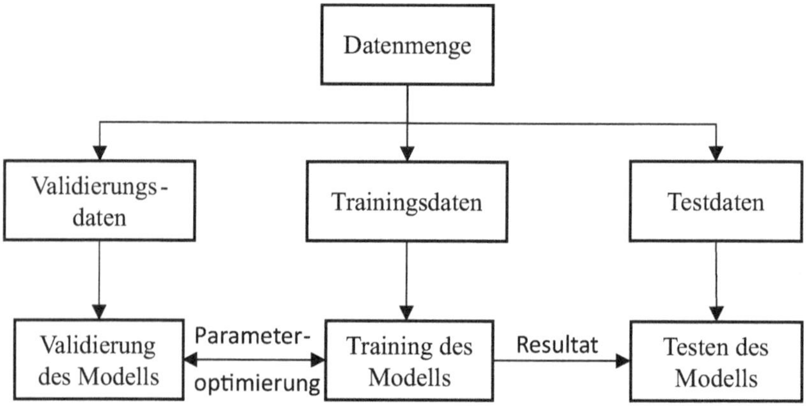

Abbildung 2.20: Typischer Ablauf beim maschinellen Lernen angelehnt an [77]

2.6.3 Hyperparameteroptimierung

Zu den Hyperparametern eines neuronalen Netzes gehören unter anderem die Kantengewichte und Biase sowie Lernraten und Regularisierungsstärken, bekannt aus Abschnitt 2.6.1. Für eine geeignete Wahl dieser Parameter kommen Optimierungsmethoden zum Einsatz. Dazu haben sich die Zufalls- und Gittersuche als auch die Bayes'sche Optimierungsmethode etabliert. Grundgedanke von Optimierungsproblemen ist es Extrempunkte einer nichtlinearen Zielfunktion $f(x)$ zu finden, die von einem oder mehreren Parametern x im Parameterraum F abhängen.[83]

Die mathematische Schreibweise lautet:

$$\max_{x \in F \subset \mathbb{R}^d} f(x) \qquad \text{Gl. 2.40}$$

Beim maschinellen Lernen genügt die Zielfunktion nicht einer einfachen mathematischen Beschreibung. Die Ermittlung des Optimierungsproblems ist deshalb zeitintensiv bis unmöglich. Die Bayes'sche Optimierung ist eine effiziente globale Optimierungsmethode, die sich für die Hyperparameteroptimierung multidimensionaler Zielfunktionen eignet. Bei minimaler Rechenzeit erzielt diese Methode die besten Ergebnisse und identifiziert optimale Parameterkonstellationen. Grundlage ist der Satz von Bayes. Dieser beschreibt die Wahrscheinlichkeit eines Ereignisses A, wenn das Ereignis B bereits eingetreten ist durch die Wahrscheinlichkeit von B, wenn A bereits eingetreten ist, multipliziert mit dem Quotienten der A-priori-Wahrscheinlichkeiten von A und B:

$$P(A|B) = \frac{P(B|A) \cdot P(A)}{P(B)} \qquad \text{Gl. 2.41}$$

Damit gilt: $P(A|B) \propto P(B|A)P(A)$, wobei B auch als Beobachtung bezeichnet wird.[83]

Die Wahrscheinlichkeit $P(A)$ steht bei der Bayes'schen Optimierung für das angenommene Wissen über den Raum der möglichen Kosten- oder Zielfunktion und wird daher als $P(f)$ bezeichnet. Obwohl diese unbekannt ist, wird existierendes Vorwissen angenommen, um darauf die wirksamsten Beobachtungen auszuwählen. Die Beobachtungen bestehen dabei aus allen bereits ausgewählten Stellen x_i und den beobachteten Funktionswerten $f(x_i)$. Die neue Verteilung der Datenpunkte wird dann $P(f|(x_i, f(x_i)) \propto P((x_i, f(x_i)|f)P(f)$ bestimmt und das Vorwissen $P(f)$ aktualisiert. Dieser Schritt wird in der Bayes'schen Optimierung und Schätzung der Zielfunktion durch eine Ersatzfunktion bezeichnet. Dafür wird die Gauß-Prozess-

Regression verwendet und sie kann deshalb folgendermaßen geschrieben werden [83]:

$$P(f) = \mathcal{GP}(f; \mu, K) \qquad \text{Gl. 2.42}$$

Ein Gauß-Prozess beschreibt eine normalverteilte Teilmenge von mehrdimensionalen Zufallsvariablen als Verteilung von Funktionen. Dieser Prozess ist eindeutig durch die Erwartungswertfunktion $m(x)$ und eine Kovarianzfunktion $k(x, x')$ bestimmt [84], die wiederum für das probabilistische Modell sowie die A-priori-Wahrscheinlichkeit in der Bayes'schen Optimierung verwendet werden. Dadurch folgt die Notation [84]:

$$f(x) \sim \mathcal{GP}\big(m(x), k(x, x')\big) \qquad \text{Gl. 2.43}$$

Mit Hilfe der Wahl der Stützstellen x_i mit bekannten Funktionswerten $f(x_i)$ kann anschließend das Modell und dessen A-posteriori-Wahrscheinlichkeit aktualisiert werden. Die Erwartungswertfunktion wird für die Hyperparameteroptimierung von neuronalen Netzen als Skalar gewählt und für die Kovarianzfunktion sind Kernel-Funktionen in Verwendung. Ein häufig eingesetzter Kernel ist der Automatic Relevance Determination (ARD) Matérn 5/2 Kernel [85], der über die Anzahl der Dimensionen d', die Amplitude der Varianz θ_0 und dem Maß für die Glattheit der Funktionen je Dimension $\theta_{1:d'}$, folgendermaßen definiert ist [86]:

$$K_{M52}(x, x') = \theta_0 \left(1 + \sqrt{5r^2(x, x')} + \frac{5}{3} r^2(x, x')\right) e^{-\sqrt{5r^2(x,x')}} \qquad \text{Gl. 2.44}$$

mit

$$r^2(x, x') = \sum_{d=1}^{D} (x_d - x'_d)^2 / \theta_d^2 \qquad \text{Gl. 2.45}$$

Zur effizienten Auswahl der nützlichsten Datenpunkte $x_{j+1} \in F$ kommt eine Akquisitionsfunktion zum Einsatz, die einen Zielkonflikt zwischen Nutzen und Erkundung darstellt. Damit wird das Suchgebiet ausgeweitet, auf minimale Iterationsdurchläufe beschränkt, und mehrere lokale Extrema werden gefunden. Im Falle einer Hyperparameteroptimierung für das Training von neuronalen Netzen bedeutet dies, dass die Akquisitionsfunktion an Stellen Maxima aufweisen sollte, wo ein minimaler Lernfehler vorliegt. Ein etablierter Vertreter ist die Expected Improvement (EI) Akquisitionsfunktion, da diese keine festzulegenden Initialwerte benötigt. Bei jedem Iterationsschritt bestimmt das Maximum dann die Stellen der nächsten Datenpunkte. Dabei wird das erste und zweite stochastische Moment der Prädiktion für die Festlegung des Nutzens der Datenpunkte verwendet. Abbildung 2.21 zeigt die Arbeitsweise der Bayes'schen Optimierung mit der Gauß-Prozess-Regression und der Auswahlfunktion der Datenpunkte für vier Iterationszyklen.

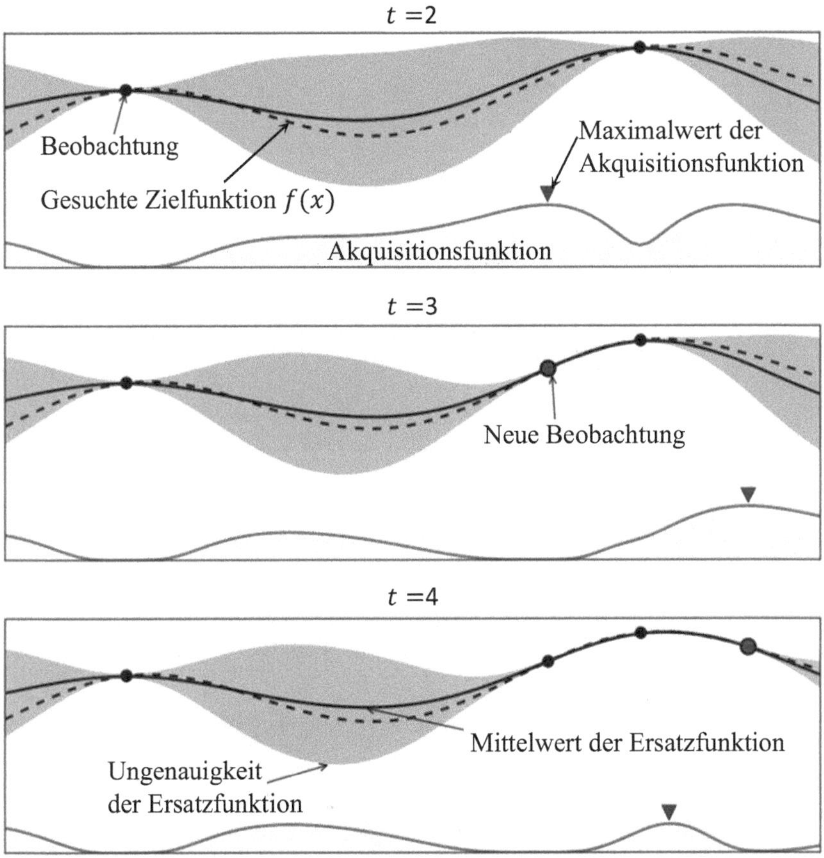

Abbildung 2.21: Bayes'sche Optimierung für ein eindimensionales Problem über vier Iterationsschritte mit der Gauß-Prozess-Regression im oberen und die Akquisitionsfunktion im unteren Teil sowie der Zielfunktion und den Abtaststellen angelehnt an [83]

Die Ersatzfunktion wird an die Zielfunktion approximiert, aufgrund der Stellenauswahl mit Maximalwerten der Akquisitionsfunktion. Dabei werden Datenpunkte am höchsten priorisiert, an denen die Approximation ungenau ist und der Gauß-Prozess eine hohe Ausbeute prädiziert. Die Zielfunktion wird für diese Datenpunkte ausgewertet bzw. beobachtet und der Gauß-Prozess aktualisiert. Dieser Durchlauf wird anschließend wiederholt und so wird eine optimale Parameterkonstellation ermittelt.[83, 86]

3 Methodik

In diesem Kapitel wird der Aufbau des kompletten Lenkungs-Feedback-Systems bzw. das Simulationsmodell der Lenkung erläutert. Ausgehend von einem minimalistischen Lenkungssystem wird dieses modular um charakteristische Modellbausteine ergänzt, die signifikante Einflussgrößen im On-Center-Bereich wie Reibung, Winkelfehler durch Gelenke und Lagerungen sowie Charakteristika der Hilfskraftunterstützung und Rückstellung in die Mittellage enthalten. Anschließend wird die Methodik um einen komplementären Ansatz durch neuronale Netze erweitert und das physikalische Grundmodell zu einem hybriden Lenkungsmodell ergänzt.

3.1 Voruntersuchungen am Stuttgarter Fahrsimulator

Zur Simulation eines realistischen Lenkgefühls ist neben den korrekten Systemeigenschaften eine verzugsfreie und direkte Darstellung des Handmoments am Lenkrad erforderlich. Wie in Kapitel 2.4.2 erläutert stehen am Stuttgarter Fahrsimulator verschiedene Mockups mit Hardware-in-the-Loop- oder Force-Feedback-Lenksystemen zur Verfügung. Die reale Lenkungsanlage bildet Reibung, Dämpfung und Steifigkeit bis zur Zahnstange mechanisch und verzugsfrei ab. Durch Beaufschlagung mit den aus einer Fahrdynamik-Software kalkulierten virtuellen Zahnstangenkräften wird das Lenkmoment fahrzeugintern eingeregelt. Die Kräfte sind abhängig vom gewählten Fahrzeug- und Reifenmodell sowie den gefahrenen Manövern und Szenarien. Bedingt durch die Wirkkette ergibt sich eine für die Lenkmomentenerzeugung relevante Latenzzeit zwischen Fahrereingabe und Rückstellkräften am Lenkrad.

3.1.1 Latenzzeitenermittlung

Das Mockup mit Force-Feedback-System besitzt eine obere Lenksäule mit angeflanschtem Lenkrad und Servomotor. Aufgrund Verfügbarkeit ist das in dieser Arbeit entwickelte Lenkungsmodell für dieses Mockup ausgelegt. Minimale Latenzzeit erreicht das Modell durch den internen Open-Loop-

A. Dieing, *Optimierung und Applikation des Lenkungs-Feedbacks in der Fahrsimulation unter Anwendung von künstlicher Intelligenz*, Wissenschaftliche Reihe Fahrzeugtechnik Universität Stuttgart, https://doi.org/10.1007/978-3-658-50559-2_3

Modellaufbau, das den Lenkradwinkel aus dem Winkelsensor des Servomotors direkt verwendet, um daraus ein generisches Lenkmoment zu berechnen. In der ersten Messreihe wird eine Response-Messung am Stuttgarter Fahrsimulator mit dem Force-Feedback-Mockup durchgeführt. Der für das Bewegungssystem des Fahrsimulators gewählte Motion-Cueing Algorithmus verwendet eine direkte Querdynamik ohne Skalierung sowie ein zweispuriges Autobahnszenario, um eine realitätsnahe Fahrzeugbewegung zu simulieren. Während der Messung wird die Antwortzeit beim Anlenken bis zur Reaktion des Fahrsimulators erfasst. Zur Synchronisierung der Messdaten wurden identische Beschleunigungssensoren am Lenkrad und unter dem Fahrersitz verwendet. Die gemittelte Response-Time beträgt 35,3 ms. Die zweite Messreihe erfasst die fahrzeuginterne Latenzzeit. Hierfür werden der interne Winkelsensor und ein echtzeitfähiger Rechner zur Restbussimulation und Lenkradansteuerung verwendet, auf dem auch das in Kapitel 4 entwickelte hybride Lenkungsmodell implementiert ist. Bei einem definierten Winkel bekommt der Stellmotor ein Soll-Drehmoment vorgegeben. Dieser Winkel wird manuell und freihändig angelenkt. Schlagartiges Einsetzen des Motormoments bewirkt eine Änderung des Lenkradwinkelgradienten. Der Zeitpunkt zwischen Gradientenänderung und Triggerpunkt entspricht der internen Latenzzeit. Diese beläuft sich auf 2,9 ms. Die gemessenen Zeiten liegen damit unterhalb einer vom Menschen wahrnehmbaren Schwelle, gemäß Kapitel 2.3.2 und 3.2.1.

3.1.2 Bewertungslogik und Projektdemonstrator

Die Bewertung der Lenkung im On-Center-Bereich erfolgt in der Norm durch den "Weave Test" nach ISO 13674 [41, 53]. Um dies mit einer realen Umgebung zu verknüpfen, beinhaltet das Szenario der Projektstudien am Stuttgarter Fahrsimulator, gemäß Abbildung 3.1, doppelte Spurwechsel in Form von Baustellendurchfahrten. Die Geschwindigkeit wird dabei vom Fahrer im Bereich von 100 km/h manuell eingeregelt, damit der Fokus identisch mit der realen Fahrzeugführung ist. Die Doppelspurwechsel bestehen aus einem 120 m-Spurwechsel gefolgt von einer 40 m-Geraden und einem erneuten Spurwechsel mit 120 m Länge. Dadurch erreicht das Fahrzeugmodell Querbeschleunigungen von bis zu 1,2 m/s², wodurch sich das Szenario, per Definition aus Abschnitt 2.3.1, mit den geringen Lenkwinkeln für die Bewertung des On-Center-Bereichs eignet. Beginnend wird die Versuchsfahrt mit einer mehrminütigen Eingewöhnungsfahrt. Zudem erfolgt vor und nach mehreren

Baustellendurchfahrten ebenfalls die freie Fahrt auf einer zweispurigen Autobahn ohne Fremdverkehr, um die subjektiven Fahreindrücke zu untermauern. Ziel des Projektdemonstrators und der Abschlussstudie ist die Bewertbarkeit einer generischen Lenkung am Beispiel des verwendeten Referenzfahrzeugs. Verglichen wird diese mit Teilbewertungen der Vorstudie nach folgendem Abschnitt, wobei sich das Studiendesign vorrangig durch das verwendete Fahrzeug-Mockup unterscheidet. Zur Bewertung von sicherheitskritischen Fahrszenarien und Störgrößen in der Querführung hat sich die Verwendung einer Ordinalskala etabliert, siehe Kapitel 2.3.3. Der Fragebogen ist für das technische Verständnis eines Normalfahrers angepasst und auf das Wesentliche beschränkt. Die nicht verwendete Expertenvariante ist in Abbildung A.1 und Abbildung A.2 aufgezeigt. Die daraus abgeleitete finale Version zeigt Abbildung A.3. Vor Versuchsantritt wird jedem Proband der Aufbau von Bewertungsbogen, Studie und Simulator ausführlich erläutert.

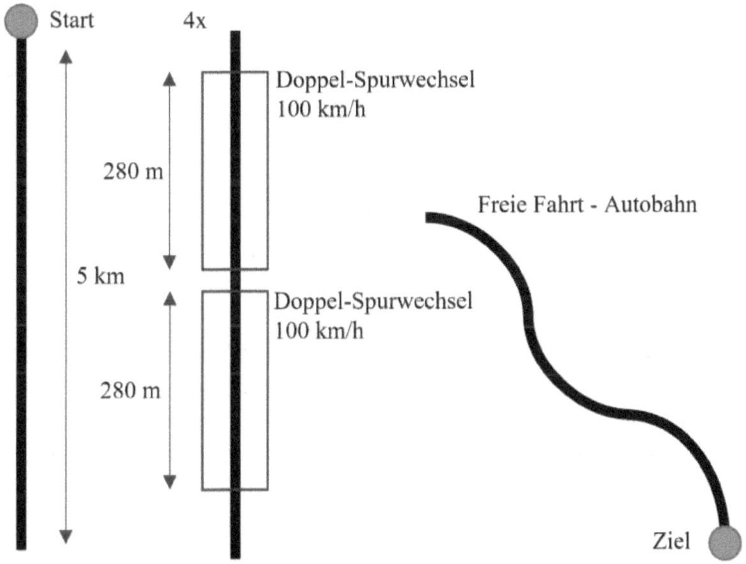

Abbildung 3.1: Aufbau des Szenarios für die Bewertung des Lenkgefühls am Stuttgarter Fahrsimulator mit doppelten Spurwechseln und freier Fahrt

Das Probandenkollektiv setzt sich trotz des angepassten Fragebogens aus Experten und versierten Normalfahrern zusammen. Für die Vorstudie werden 15, für die Abschlussstudie 20 Probanden herangezogen, die sich voranging aus männlichen Versuchspersonen Ende des frühen Erwachsenenalters zusammensetzen. Zudem wird ein Führerscheinbesitzdauer von mindestens 10 Jahren vorausgesetzt sowie regelmäßige Fahrleistungen mit einem PKW im öffentlichen Straßenverkehr. Während des Versuchs haben die Probanden jederzeit die Möglichkeit anzuhalten und den Fragebogen zu beantworten und können auf Wunsch die einzelnen Fahrabschnitte mehrfach hintereinander durchlaufen. Beendet wird der Projektdemonstrator, sobald alle Fragen des Bewertungsbogens beantwortet werden können.

3.1.3 Vorstudie reales Lenkungssystem

Ziel dieser Vorstudie ist die Validierung des Fragebogens sowie die subjektive Bewertung eines realen bzw. Closed-Loop-Lenksystems im Stuttgarter Fahrsimulator. Des Weiteren soll die realitätsgetreue Darstellung des Simulators aufgezeigt werden. Für die Vorstudie wird das parametrierte virtuelle Fahrzeugmodell eines mittleren Kompaktklasse-Fahrzeuges mit elektromechanischem Lenksystem und doppeltem Ritzelantrieb in Kombination mit dem Porsche 991-Mockup verwendet, das eine Hardware-in-the-Loop-Lenkung und die virtuelle Zahnstangenkraft zur Drehmomentregelung, gemäß Abbildung 2.14, nutzt. Neben Achs- und Fahrwerksparametern ist das Softwaremodell der Lenkübertragungsstrecke Lenkrad-Rad mit allen identifizierbaren Größen des Lenkungsprüfstands entsprechend dem Messfahrzeug in dem virtuellen Fahrzeugmodell parametriert. Die Ergebnisse der Vorstudie für 15 reliable Probandenversuche mit einem Bewertungsbogen nach Abbildung A.3 sind in Abbildung 3.2 einschließlich Mittelwert, 50 %-Quartil sowie Maxima und Minima aufgezeigt. Das Lenkradmoment, der Gradient des Lenkmoments als auch die Rückstellung in die Mittellage wird von den Probanden auf Sportwagenniveau bewertet. Rückmeldeverhalten und Stößigkeiten fallen demgegenüber als gering und zu niedrig aus. Die Reibung wird entsprechend dem verbauten Lenksystem als eher gering eingestuft. Das Fahrdynamikmodell der mittleren Kompaktklasse wird, gemessen am Fahrzeug-Ansprechverhalten, als "eher schnell" identifiziert. Die Ergebnisse zeigen damit Charakteristika des verbauten Hardware-in-the-Loop-Lenksystems, wie einer geringeren Reibung und einen fehlenden Informationsfluss der Fahrbahnrückmeldung, aufgrund der eingeschränkten Stelldynamik der Regelung der Hilfskraftunterstützung. Die Fahrzeugklasse kann über das Ansprechverhalten erkannt werden, was auf die Darstellungstreue des Stuttgarter Fahrsimulators mit Hilfe des Bewegungssystems und der vollwertigen Visualisierung zurückzuführen ist. Der Simulator und der Bewertungsbogen werden dadurch für weitere Untersuchungen als geeignet eingestuft.

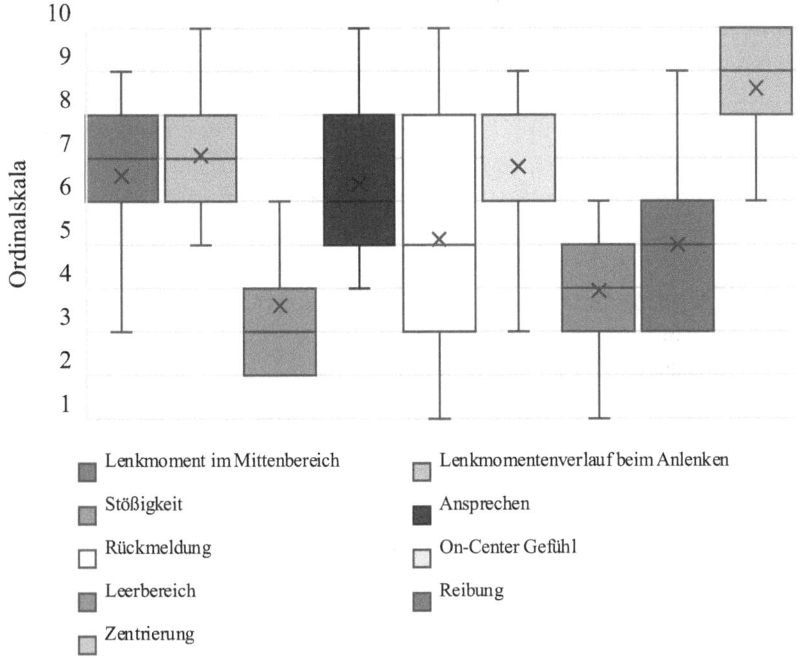

Abbildung 3.2: Auswertung des Fragebogens der Vorstudie mit realem Lenksystem am Stuttgarter Fahrsimulator

3.2 Lenkungsmodellierung

Das folgende Kapitel beinhaltet die Erstellung eines physikalisch basierten Softwaremodells der Lenkung. Beginnend mit Struktur und Arbeitsablauf folgt die Definition der Systemparameter auf Grundlage realer Messdaten eines elektromechanischen Lenkungssystems. Die Reibmodelle aus Kapitel 2.5.1 werden parametriert und verglichen sowie alle für ein gutes Lenkgefühl notwendigen Charakteristika der Systemkomponenten implementiert.

3.2.1 Aufbau und Messungen

Zur Einsparung von Leistungsressourcen bei ausreichender Güte wird ein reduziertes Softwaremodell der Lenkung entwickelt, angelehnt an Kapitel 2.5.1. Grund hierfür ist die auf das Fahrzeug-Mockup anpassbare Parametrierung und die Echtzeitfähigkeit direkt im Fahrzeug. Da das menschliche Gehirn bei aktiven Lernaufgaben mit bis zu 100 Hz arbeitet wird angenommen, dass der Mensch ein Lenkbefehl-Lenkrückmeldung-Verhältnis mit bis zu 10 ms auflösen und verarbeiten kann [87]. Für den On-Center-Bereich ist das Softwaremodell der Lenkung als Open-Loop-Variante aufgebaut, um unterhalb dieser Latenzzeit zu bleiben. Das Lenkungs-Grundmodell umfasst folgende Parameter: Lenkübersetzung, Zahnstangensteifigkeit, -dämpfung und -masse, Torsionsdrehstabsteifigkeit, Hilfskraftunterstützung, Totband, Kardanwinkel. Den Aufbau des zeitdiskreten physikalischen Lenkungs-Grundmodells, mit einer Abtastrate von 1 ms, zeigt Abbildung 3.3.

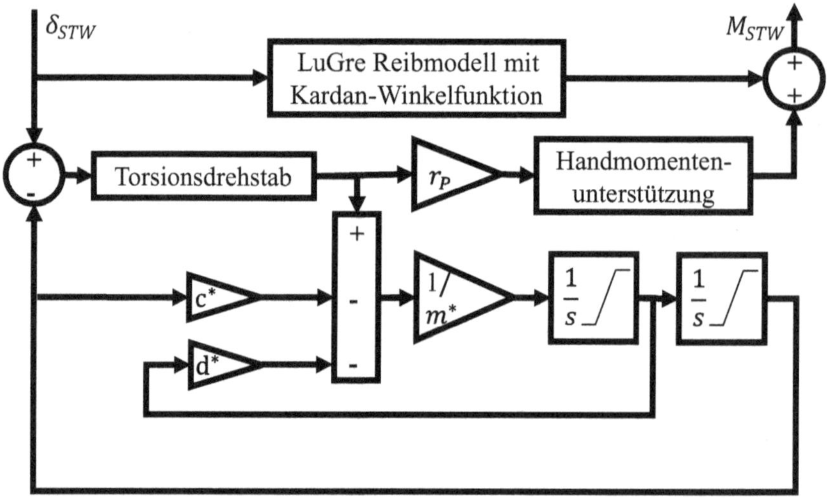

Abbildung 3.3: Aufbau des physikalischen Grundmodells mit dem Ritzelradius r_P, der Ersatzsteifigkeit c^*,-dämpfung d^* und -masse m^* sowie dem erweiterten Lund-Grenoble-Reibmodell

Als Eingabe dient der gemessene Lenkradwinkel und liefert als Modellausgabe das Lenkradmoment. Die Charakteristika eines Torsionsdrehstabs, eine Handmomentenunterstützung und ein erweitertes Reibmodell sind als

Subsysteme implementiert. Die Reibung muss aufgrund der direkten mechanischen Kopplung des Force-Feedback-Systems modellseitig berücksichtigt werden. Die Schwierigkeit liegt in der stabilen tribologischen Implementierung über alle Geschwindigkeitsbereiche [88]. Die Arbeitsweise auf Zahnstangenebene erfolgt über die Ersatzsteifigkeit c^*, die Ersatzdämpfung d^* und die äquivalente translatorische Masse m^*. Über den Ritzelradius r_P kann aus den Zahnstangenkräften das Lenkradmoment M_{STW} berechnet werden.

3.2.2 Systemparameter

Nachfolgend werden die in Abschnitt 3.2.1 eingeführten Größen und Subsysteme bezogen auf die Messungen von Prüfstand und Realfahrt für das verwendete elektromechanische Lenksystem mit doppeltem Ritzelantrieb erläutert.

Torsionsdrehstab

Zur Kennlinienbestimmung der Torsionsdrehstabsteifigkeit c_{TB} wird auf dem Lenkungsprüfstand der originale Lenkungsdrehstab des späteren Messfahrzeugs fest eingespannt und tordiert. Aufgrund der Einbaulage hinter der oberen Lenksäule, die im Fahrsimulator-Mockup ebenfalls verbaut ist, unterliegt der eingehende Lenkradwinkel keinem Kardanfehler. Die Steifigkeit des Torsionsdrehstabs c_{TB} im Bereich des Totbandes und der Hilfskraftunterstützung wird mit folgender Gleichung abgebildet:

$$c_{TB} = \begin{cases} c_{TB,1} = 102{,}7\ Nm/rad, wenn\ |\delta_{STW}| < 5{,}6° \\ c_{TB}(\delta_{STW}), wenn\ 5{,}6° \leq |\delta_{STW}| \leq 10° = \delta_{STW,max} \end{cases} \qquad \text{Gl. 3.1}$$

Für den Übergangsbereich bis zum mechanischen Anschlag, mit der maximalen Torsionsdrehstabsteifigkeit $c_{TB,2} = 221\ Nm/rad$ und dem Verdrehwinkel im nichtlinearen Bereich $\Delta\delta_{STW} = \delta_{STW,max} - 5{,}6° = 4{,}4°$, gilt folgendes:

$$c_{TB}(\delta_{STW}) = \frac{c_{TB,1} + c_{TB,2}}{2} + \left(\frac{c_{TB,2} - c_{TB,1}}{2} \cdot \cos\left(\pi \cdot \frac{\delta_{STW,max} - \delta_{STW}}{\Delta\delta_{STW}}\right)\right) \qquad \text{Gl. 3.2}$$

Alternativ kann der Übergangsbereich mit einem Polynom 15. Grades approximiert werden. Diese Regression wird in Kombination mit dem ersten linearen Steifigkeitsanteil in Abbildung 3.4 aufgezeigt. Der Übergangsbereich beginnt bei einem Verdrehwinkel von $\delta_{TB} > 5{,}6°$, was wiederum einem Drehmoment von $M_{TB} \approx 10\ Nm$ entspricht. Aufgrund der Hilfskraftunterstützung wird in diesem Modell ausschließlich der lineare Kennlinienbereich genutzt. Für eventuelle spätere Lenkuntersuchungen oder das Fahren ohne Handmomentenunterstützung wird der nichtlineare Anteil dennoch implementiert. In Abbildung 3.4 ist ersichtlich, dass die Regressions- als auch die Messkurven des originalen Lenksystems korrelieren.

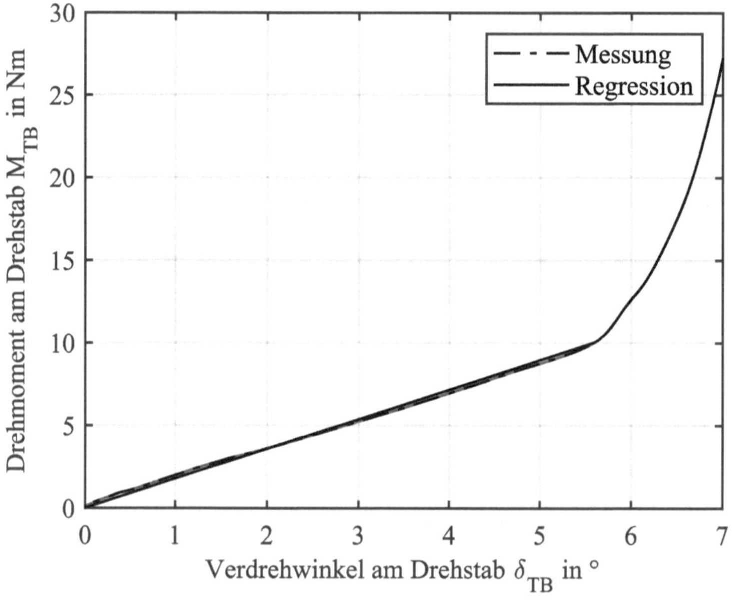

Abbildung 3.4: Steifigkeitsverlauf des Torsions-Drehstabelements

Übersetzung und Kardangelenke

Die relevanteste Eingangsgröße ist der vom Fahrer vorgegebene Lenkradwinkel. Dieser weist auf Zahnstangenebene aufgrund der doppelten Kardanlagerung einen Winkelfehler auf und beeinflusst alle Komponenten unterhalb der Kardangelenke bzw. nach dem Torsionsdrehstab. Dieser Sachverhalt tritt periodisch je nach Lenkrad- oder Gelenkposition auf und wurde bereits in Kapitel 2.2.1 erläutert. Zur Bestimmung der Kardanwinkelfehler wird eine Durchlenkmessung im Fahrzeug auf Drehtellern ohne Lenkkraftunterstützung verwendet. Mit Hilfe der gefilterten Messdaten von Zahnstangenweg und Lenkradwinkel kann ein um den Mittelwert periodisch schwankendes Übersetzungsverhältnis und daraus eine mittlere Lenkübersetzung i definiert werden zu:

$$i = 107{,}627\ rad/m$$

Die Durchlenkmessung entstammt aus demselben Lenksystem und Fahrzeug, zu denen die aufgezeichneten Trainings- und Testdaten in Kapitel 4.1 gehören. Die Werte der Wurzel des mittleren quadratischen Fehlers für eine andere Durchlenkmessung von Anschlag links zu Anschlag rechts mit $s_{SR} = \pm 80\ mm$ zeigen für die Umrechnung von Lenkradwinkel zu Zahnstangenweg mit und ohne Berücksichtigung der Kardangelenke einen Fehler von:

$$RMSE_{s_{SR\_wo\_Kardan}} = 0{,}27\ mm$$
$$RMSE_{s_{SR\_w\_Kardan}} = 0{,}09\ mm$$

Die Winkelfunktion des ersten Kreuzgelenks für den gesamten Lenkwinkelbereich von $-\frac{5\pi}{2} \leq \delta_{STW} \leq \frac{5\pi}{2}$ definiert sich zu:

$$\delta_{STW,1}(\delta_{STW}, \alpha_1) = \begin{cases} \arctan\left(\frac{tan(\delta_{STW})}{cos(\alpha_1)}\right), wenn\ -\frac{\pi}{2} < \delta_{STW} < \frac{\pi}{2} \\ \arctan\left(\frac{tan(\delta_{STW})}{cos(\alpha_1)}\right) - \pi, wenn\ -\frac{3\pi}{2} < \delta_{STW} < -\frac{\pi}{2} \\ \arctan\left(\frac{tan(\delta_{STW})}{cos(\alpha_1)}\right) + \pi, wenn\ \frac{\pi}{2} < \delta_{STW} < \frac{3\pi}{2} \\ \arctan\left(\frac{tan(\delta_{STW})}{cos(\alpha_1)}\right) - 2\pi, wenn\ -\frac{5\pi}{2} < \delta_{STW} < \frac{3\pi}{2} \\ \arctan\left(\frac{tan(\delta_{STW})}{cos(\alpha_1)}\right) + 2\pi, wenn\ \frac{3\pi}{2} < \delta_{STW} < \frac{5\pi}{2} \\ \delta_{STW}, sonst \end{cases} \quad \text{Gl. 3.3}$$

Für das zweite Kardangelenk im Bereich von $-\frac{5\pi}{2} \leq \delta_{STW,1} \leq \frac{5\pi}{2}$ gilt:

$$\delta_{STW,2}(\delta_{STW,1},\alpha_2) = \begin{cases} \arctan\left(\frac{tan(\delta_{STW,1})}{cos(\alpha_2)}\right), wenn\ -\frac{\pi}{2} < \delta_{STW,1} < \frac{\pi}{2} \\ \arctan\left(\frac{tan(\delta_{STW,1})}{cos(\alpha_2)}\right) - \pi, wenn\ -\frac{3\pi}{2} < \delta_{STW,1} < -\frac{\pi}{2} \\ \arctan\left(\frac{tan(\delta_{STW,1})}{cos(\alpha_2)}\right) + \pi, wenn\ \frac{\pi}{2} < \delta_{STW,1} < \frac{3\pi}{2} \\ \arctan\left(\frac{tan(\delta_{STW,1})}{cos(\alpha_2)}\right) - 2\pi, wenn\ -\frac{5\pi}{2} < \delta_{STW,1} < \frac{3\pi}{2} \\ \arctan\left(\frac{tan(\delta_{STW,1})}{cos(\alpha_2)}\right) + 2\pi, wenn\ \frac{3\pi}{2} < \delta_{STW,1} < \frac{5\pi}{2} \\ \delta_{STW,1}, sonst \end{cases} \quad \text{Gl. 3.4}$$

Aus dem ermittelten Kardan-Winkelfehler wird ein Beugungswinkel für $\alpha_1 = \alpha_2 = 20°$ festgelegt. Aufgrund der Fallunterscheidungen in den Gleichungen Gl. 3.3, Gl. 3.4 wird die Ungleichförmigkeit des ersten Gelenks mit dem zweiten verdoppelt und ein absoluter Knickwinkel zwischen oberer und unterer Lenksäule von 40° modelliert. In Abbildung 3.5 ist der resultierende absolute Lenkwinkelfehler $\Delta\delta_{STW}$ für ein generisches Sinussignal dargestellt.

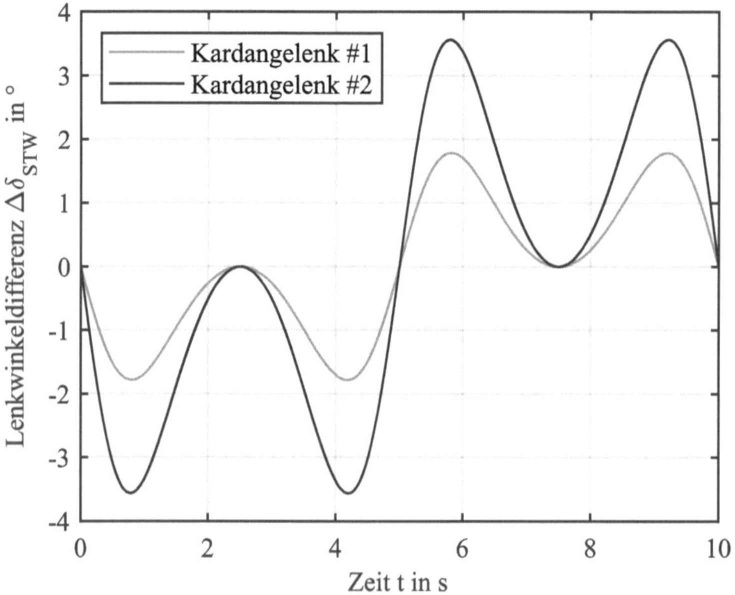

Abbildung 3.5: Lenkwinkelfehler nach dem ersten und dem zweiten Kardangelenk für einen Zyklus Sinuslenken bei einer Frequenz von 0,1 Hz und einer Amplitude von 90°

Die Periodendauer beträgt 10 s bei einer Amplitude von $\delta_{STW} = 90°$. Ersichtlich ist der mit doppelter Geschwindigkeit umlaufende Winkelfehler, der bei 45° sein Maximum erreicht.

Einfluss und Bestimmung der Lenkungssteifigkeit

Ein weiterer Parameter eines Lenkungssystem ist das Übersetzungsverhältnis von Lenkradwinkel zu Zahnstangenweg. Dieses ist für die nachgebildete Lenkung statisch und wurde über eine Durchlenkmessung auf $i = 107{,}627\ rad/m$ bestimmt. Aufgrund der elastischen Befestigung des Lenkgetriebegehäuses im Fahrzeug weicht der absolute Zahnstangenweg um den elastischen Verschiebungsweg des Lenkgetriebegehäuses ab. Abbildung 3.6 zeigt den Zusammenhang zwischen dem aus dem Lenkradwinkel berechneten gesamten Zahnstangenwegs $s_{SR,cpl}$ und dem absoluten umgesetzten und gemessenen Zahnstangenweg $s_{SR,meas}$. Dieser weicht um den Wegverlust durch Material und Lagersteifigkeiten des Lenkgetriebegehäuses s_{el} vom berechneten Zahnstangenweg $s_{SR,cpl}$ ab.

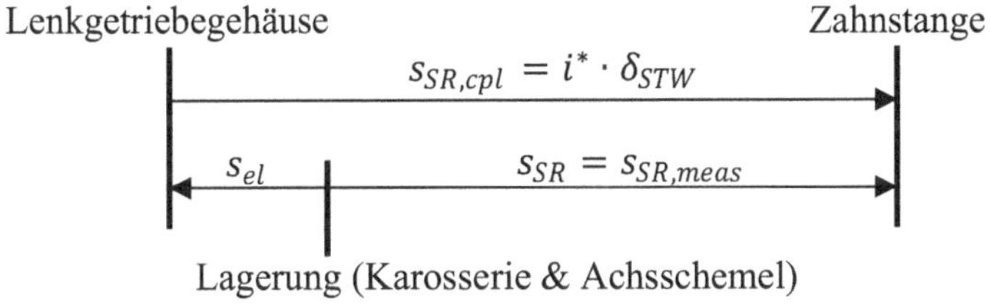

Abbildung 3.6: Befestigungseinfluss des Lenkgetriebegehäuses auf den Zahnstangenweg s_{SR}

In Abbildung 3.7 ist der Vergleich aus dem berechneten Zahnstangenweg aus dem Lenkradwinkel $s_{SR,cpl}$ gegenüber dem gemessenen Verlauf $s_{SR,meas}$ dargestellt. Als Datensatz wird der in Kapitel 4 verwendete Testdatensatz einer Autobahn-Messfahrt bei 100 km/h verwendet. Die Abweichung durch Elastizitäten beträgt bei einem Lenkwinkel von 6,3° im Maximum circa 0,8 mm, für den dargestellten Ausschnitt in Abbildung 3.7. Bei weiterer Erhöhung des Lenkradwinkels stagniert der elastische Anteil und bestätigt die auf Block gehende Lagerung sowie einen progressiven Verlauf der Lagerungssteifigkeit. Bemerkt werden muss hier, dass die Torsionsstabsteifigkeit bereits inbegriffen ist. Zudem ist die Hysterese durch den Phasenversatz der beiden Kurven ersichtlich.

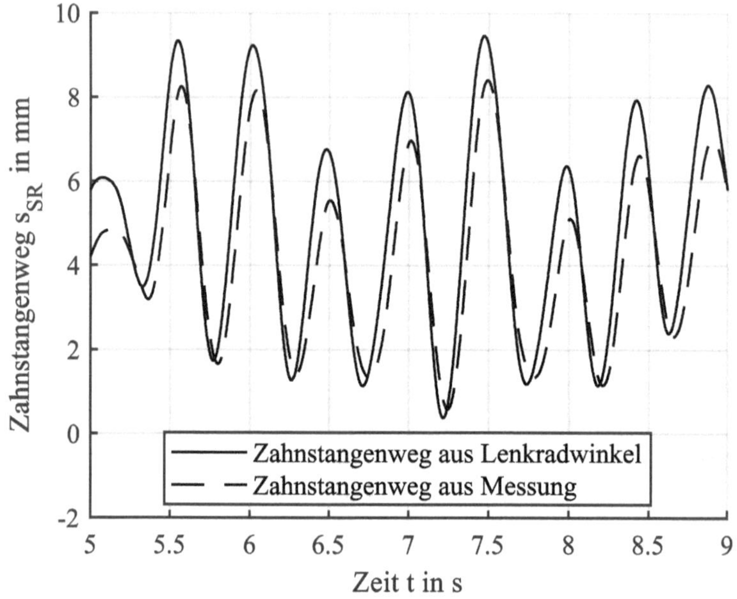

Abbildung 3.7: Vergleich des Zahnstangenwegverlaufs aus Messung bzw. Berechnung aus dem Lenkradwinkel für den Ausschnitt einer Messung

Die fehlende Ersatzsteifigkeit für das Grundmodell c_{SS}^* wird aus dem Testdatensatz und der umgerechneten Torsionsstabsteifigkeit auf Zahnstangenebene bestimmt werden. Mit der ermittelten Gesamtsteifigkeit des Lenksystems c_{SS} und der Torsionsstabsteifigkeit im linearen Bereich auf Zahnstangenebene $c_{TB} = c_{TB,lin}$, ist die Ersatzsteifigkeit auf Zahnstangenebene c_{SS}^* gegeben zu:

$$c_{SS}^* = c_{SS} - c_{TB}. \qquad \text{Gl. 3.5}$$

Daraus folgt die Ersatzsteifigkeit für das Grundmodell zu:

$$c_{SS}^* = (1{,}6407 - 1{,}1885) \cdot 10^6 \frac{N}{m} = 4{,}522 \cdot 10^5 \frac{N}{m} \qquad \text{Gl. 3.6}$$

Die Ergebnisse liegen im Bereich der von Pfeffer et al. [32] aufgezeigten Parameterwerte.

Handmomentunterstützung

Zu der Handmomentunterstützung gehört die Aufgabe eine in Abhängigkeit des aufgebrachten Lenkradmomentes und der Fahrzeuggeschwindigkeit entsprechende Unterstützungskraft zu generieren [32]. Des Weiteren gibt es einen aktiven Rücklauf, der beim Loslassen der Lenkung diese wieder in die Neutralstellung überführt. Die Handmomentunterstützung wird als Polynom-Fitting über 27 Messpunkte gemäß Abbildung 3.8 approximiert. Eingangsgröße ist das Drehstabmoment resultierend aus dem reduzierten Lenkungsmodell. Ausgangsgröße ist zunächst der Motorstrom des Unterstützungsmotors, der äquivalent als Ausgangsdrehmoment bzw. als Kraft auf die Zahnstange wirkt. Ersichtlich ist, dass für Drehmomente kleiner 0,5 Nm keine Hilfskraftunterstützung wirkt und der Fahrer damit bei Geradeausfahrt das Reibmoment erfährt.

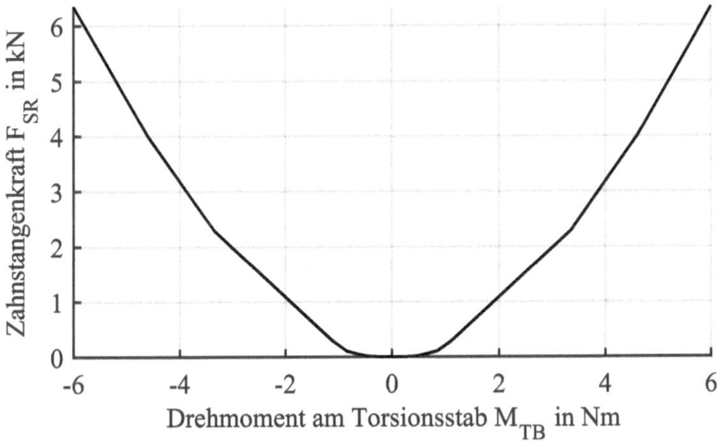

Abbildung 3.8: Unterstützungskraft an der Zahnstange in Abhängigkeit des Torsionsdrehstabmoments bei 100 km/h

3.2.3 Auswahl und Vergleich von Reibmodellen

Die Werte der in Kapitel 2.5.1 eingeführten dynamischen Reibmodelle werden durch die Messdaten des Lenkungsprüfstandes identifiziert. Die Parameter sind im Anhang 1A.2 aufgeführt. Die Haftreibung tritt durch die Betriebsschwingungen in Lenksystemen lediglich im Stand auf und wird deshalb vernachlässigt [89]. Die Frequenzbereiche der Betriebsschwingungen werden in Abschnitt 3.2.4 erläutert. Die Reibkraft auf Zahnstangenebene ist durch validierte Durchschiebemessungen des Lenksystems gegeben. Für den On-Center-Bereich sind gemäß Abbildung 2.8 die Lenkradwinkelfrequenzen bis 0,2 Hz für Autobahn- und Landstraßenfahrten relevant, wodurch sich eine maximale Zahnstangengeschwindigkeit von 3 mm/s, ein Lenkradwinkel von 14° und eine Querbeschleunigung von 2 m/s² ergeben. Abbildung 3.9 zeigt für die On-Center-Zahnstangengeschwindigkeiten von 1 mm/s bis 3 mm/s den positiven Reibkraftverlauf an der Zahnstange im On-Center-Wegbereich von $s_{SR} = \pm 3$ mm. Es ist erkennbar, dass die Messungen im Nulldurchgang vergleichbare Werte von 268 N aufweisen. Der vorhandene Haftreibungsanteil bei Prüfstandsmessungen ist durch den höheren Absolutwert bei $v_{SR} = 1\ \mathrm{mm/s}$ ersichtlich. Die auftretende Welligkeit resultiert aus den Einzel- und Doppelzahneingriffen des Lenkungsritzels in der Zahnstange [89]. Die Werte für $v_{SR} = 2\ \mathrm{mm/s}$ und $v_{SR} = 3\ \mathrm{mm/s}$ zeigen identische Verläufe sowie geschwindigkeitsbedingte Gleit-Reibwerte auf. Für steigende Geschwindigkeiten nehmen die Reibkraftwerte gemäß der Stribeck-Kurve wieder zu. Der vorliegende Ritzel-Teilkreisdurchmesser von $r_p = 9{,}3$ mm ergibt einen Wälzkreisumfang von $U_P \approx 58$ mm. Bei einem maximalen Zahnstangenweg von $s_{SR} = \pm 80$ mm resultiert ein Ritzelumlauf von $n_P = \pm 1{,}38$ bzw. eine vollständige Umdrehung des Ritzels für $s_{SR} \approx 58$ mm. Abbildung 3.9 zeigt einen Ritzelwinkelbereich von $\delta_P \pm 19°$ auf.

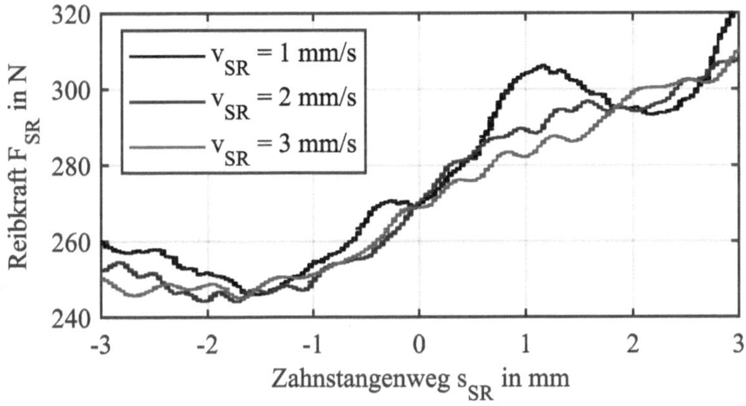

Abbildung 3.9: Positiver Reibkraftverlauf an der Zahnstange im On-Center-Bereich für verschieden Zahnstangengeschwindigkeiten

Das Lund-Grenoble-Bürsten-, das ESF-tanh- und das ESF-M-Reibmodell mit entsprechenden Parametern werden um die Lagerungsreibung der Lenksäulen ergänzt. Verschleißerscheinungen im Lenkgetriebe sind durch eine Umkehrspiel-Funktion im Bereich der Nulllage zusätzlich berücksichtigt. Die möglichen neun Varianten sind im physikalischen Lenkungsmodell nach Abschnitt 3.2.1 bzw. 3.2.2 implementiert. In Abbildung 3.10 sind die Werte der Wurzel des mittleren quadratischen Fehlers des physikalischen Lenkungs-Grundmodells für eine Autobahnfahrt im On-Center-Bereich bei einer Geschwindigkeit von 100 km/h dargestellt. Alle drei Reibmodelle zeigen die besten Ergebnisse ohne Berücksichtigung von Lenksäulenreibung und ohne Umkehrspiel, so dass diese im Grundmodell keinen Einzug finden. Das Lund-Grenoble-Reibmodell liefert die besten Resultate mit $RMSE_{LuGre} = 0{,}5860\,Nm$, gefolgt vom ESF-M-Modell mit $RMSE_{ESF-M} = 0{,}6250\,Nm$ sowie dem ESF-tanh-Modell mit $RMSE_{ESF-tanh} = 0{,}6257\,Nm$. Das Lund-Grenoble-Reibmodell wird damit ohne Zusätze für die weitere Entwicklung zum hybriden Softwaremodell der Lenkung in Kapitel 4 verwendet.

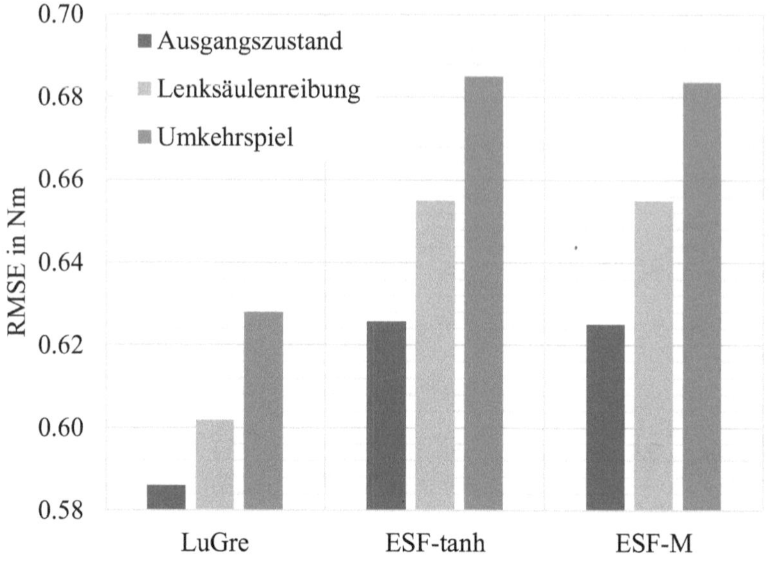

Abbildung 3.10: Fehler des Grundmodells für verschiedene Reibmodellvarianten nach Kapitel 2.5.1

3.2.4 Schwingungen und Fahrbahnrückmeldung

Nach Kapitel 2.3.2 werden hauptsächlich über die Lenkgeometrie Schwingungen und Vibrationen ins Lenksystem eingeleitet. Die Identifikation der relevanten objektiven Parameter für die haptische Rückmeldung erfolgt mit Hilfe einer Frequenzanalyse der Daten von realen Messfahrten. Das Schwingungsverhalten am Lenkrad wird in rotatorische und translatorische Anregung separiert, wie bereits im Grundlagenteil 2.3.2 eingeführt. Die Maxima der spektralen Leistungsdichte von Lenkradmoment und Zahnstangenweg aus den Messfahrten dienen der Analyse und der Ermittlung von Eigenfrequenzen sowie Schwingungsform. Frequenzen unterhalb 1,5 Hz werden der rotatorischen Lenkanregung durch die Fahrereingabe zugeordnet [90]. In Tabelle 3.1 sind die identifizierten Frequenzen sowie die korrelierenden Messgrößen aufgeführt. Hierzu zählen die Vertikalbeschleunigung im Fahrzeugschwerpunkt a_z, der Lenkradwinkel δ_{STW}, die Spurstangenkräfte F_{SR} und der Zahnstangenweg s_{SR}. Zudem sind die Systeme zur Darstellung dieser Frequenzen im Stuttgarter Fahrsimulator aufgeführt. Bis zu einer Frequenz von 10 Hz erfolgt die

Ansteuerung durch das 8-DOF-Motion-System sowie das Softwaremodell der Lenkung und einem Force-Feedback-System im Fahrzeug-Mockup. Über die an der Lenksäule und der Karossiere des Fahrzeug-Mockups verbauten Körperschallanreger erfolgt die Schwingungsanregung bis 300 Hz, wobei insbesondere für rotatorische Drehschwingungen und einer Lenksäulen-Eigenfrequenz von 42,8 Hz der Shaker am Lenkrad genutzt wird. Die ermittelten Frequenzen korrelieren mit den in der Literatur angegebenen Bereichen von Fahrzeug sowie Rad-Reifen-, Karosserie- und Lenkradschwingungen [52].

Tabelle 3.1: Frequenzbereiche und Formen der Lenkradschwingungen für eine Autobahn-Messfahrt sowie der Darstellungssysteme im Stuttgarter Fahrsimulator

Eigenfrequenz	Art der Lenkrad-schwingung	Korrelationsgröße	Darstellungssystem im Fahrsimulator
2,9 Hz	rotatorisch	$a_z, \delta_{STW}, F_{SR}, s_{SR}$	Lenkungsmodell und Bewegungssystem
13 Hz	translatorisch	s_{SR}	Shaker an Karosserie
28,5 Hz	translatorisch	a_z, F_{SR}, s_{SR}	
42,8 Hz	translatorisch	F_{SR}, s_{SR}	Shaker-Lenkrad
150 Hz	translatorisch	a_z, F_{SR}, s_{SR}	Shaker an Karosserie
200 Hz	translatorisch	F_{SR}, s_{SR}	
222 Hz	translatorisch	a_z	
250 Hz	rotatorisch	$a_z, \delta_{STW}, F_{SR}, s_{SR}$	Shaker-Lenkrad
278 Hz	translatorisch	a_z	Shaker an Karosserie

3.2.5 Kompensation von Force-Feedback-Systemeinflüssen

Dieser Abschnitt behandelt eine modellseitige Kompensation der Trägheit des Force-Feedback-Systems im Fahrzeug-Mockup des Stuttgarter Fahrsimulators.

Aus dem gemessenen Lenkradwinkel und der Zeit nach Kapitel 3.1 und den Absolutwerten der Drehmomenttrigger wird eine Systemträgheit und eine Reibung bestimmt. Die Trägheit des bestehenden Systemaufbaus ist durch das gestellte Drehmoment von 5 Nm und einer bestimmbaren Winkelbeschleunigung gegeben zu:

$$I_{STW,FASI} = \frac{5\,Nm}{108{,}9\frac{rad}{s^2}} = 0{,}0459\,kgm^2$$

Bekannte Rotationsträgheiten $I_{STW,Motor}$ des Motors [91] und eine Abschätzung der Lenkradträgheit um die Drehachse von $0{,}04\,kgm^2$ ergeben ein rotatorisches Trägheitsmoment von:

$$I_{STW,+Mot} = 0{,}04\,kgm^2 + 0{,}00119\,kgm^2 = 0{,}0412\,kgm^2$$

Die Differenz zwischen $I_{STW,FASI}$ und I_{Mot} von ca. $4{,}7gm^2$ entspricht der Trägheit der verbleibenden Lenksäule I_{SC}, was im Bereich einer Vollwelle aus Stahl mit 0,5 m Länge und einem Durchmesser von 1,7 cm liegt. Zur Bestimmung der Reibung wird der drehmomentfreie Bereich der Messung verwendet. Die berechnete Trägheit und die gemessene Winkelbeschleunigung ergibt ein Reibmoment von $M_{Reib} \approx 0{,}5\,Nm$. Der Wert liegt im Rahmen der vorliegenden Lagerung.[92]

Das Reibmoment wird bei der Kompensation nicht berücksichtigt, jedoch wird das berechnete Lenkradmoment des Modells für den Einsatz im Fahrsimulator um die Trägheit des Aufbaus ergänzt, mit der bestimmten Trägheit des verbauten Systems im Stuttgarter Fahrsimulator $I_{STW,FASI}$ und der Lenkradwinkelbeschleunigung $\ddot{\delta}_{STW}$, um:

$$\Delta M = I_{STW,FASI} \cdot \ddot{\delta}_{STW} \qquad \text{Gl. 3.7}$$

3.3 Hybride Modellerweiterung und Off-Center-Bereich

Das in Abschnitt 3.2 eingeführte Lenkungs-Grundmodell beinhaltet gegenüber dem etablierten Pfeffer-Lenkungsmodell aus Kapitel 2.5.1 Vereinfachungen wie einem einzigen Reibmodell für das gesamte Lenkungsmodell. Fehlendes Systemverhalten und unzureichende Parametrierungen werden durch die Erweiterung von Modellanteilen bestehend aus Black-Box-System bzw. mit künstlicher Intelligenz in Form von neuronalen Netzen beseitigt. In der detailliert in Kapitel 4.3 aufgeführten Optimierungsarbeit werden zunächst die möglichen Konfigurationsansätze nach Abbildung 3.11 einer hybriden Lenkungsmodellierung in Open-Loop-Bauweise definiert. Die drei Strukturen werden als "Skalierungs-", "Differenz-Skalierungs-" und "Differenznetz" bezeichnet. Die Parameter umfassen die Netzeingänge δ_{STW}, $\dot{\delta}_{STW}$, das Drehmoment des Grundmodells M_{STW} als auch den resultierenden Modellausgang des hybriden Lenkungsmodells $M_{STW,hybrid}$. Der Sollausgang ist das gemessene Lenkradmoment aus der zugehörigen Messfahrt. Das "Differenznetz" nutzt dabei die Differenz von physikalischem Lenkungs-Grundmodell und Messung als Eingang. Dem neuronalen Netz wird die Abweichung zwischen Grundmodell und Messwert antrainiert, der nach anschließender Zusammenführung möglichst dem Sollmoment entsprechen soll. Das "Skalierungsnetz" nutzt das absolute Moment aus dem Grundmodell und "skaliert" dies bis zum Soll-Lenkmoment, das dem Soll-Ausgang entsprechen soll. Es wird angenommen, dass das physikalische Lenkungs-Grundmodell alle relevanten Informationen enthält und die Abweichungen auf der Modellvereinfachung und unzureichender Parametrierung beruhen. Die "Differenz-Skalierungs"-Variante stellt eine Kombination beider Konfigurationen dar. Allgemein soll die künstliche Intelligenz den berechneten Software-Modellausgang adaptieren, so dass Hysterese-, Absolutwert- als auch Übertragungsfehler korrigiert werden. Im On-Center-Bereich ist der Gradientenverlauf unter anderem durch das Reibungsverhalten stark nichtlinear [89]. Des Weiteren gilt es Anpassungsfehler in Reibungsverlauf, Hilfskraftunterstützung und Rücklauf im On-Center-Bereich zu eliminieren und die Unterstützungskraft bzw. das Systemverhalten der frequenzabhängigen elektromechanischen Lenkkraftunterstützung, aufgrund der Systemträgheit der Hilfskraftunterstützungs-Einrichtung, auf der Zahnstangenebene anzupassen. In der hybriden Lenkungsmodellierung werden deshalb die berechnete Lenkradwinkelgeschwindigkeit und die Kennlinie der Hilfskraftunterstützung als Eingang aufgenommen. Der Vorteil von einem Differenznetz ist die beschränkte Eingriffsmöglichkeit in den Modellausgang durch Differenz- statt Absolutwerten, so dass bei unzureichend trainierten Netzen dennoch ein plausibles Lenkradmoment kalkuliert wird.

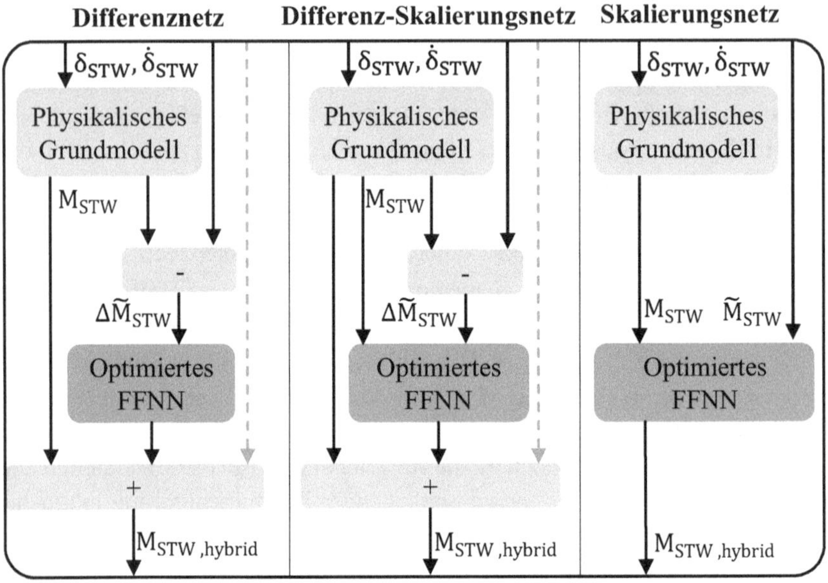

Abbildung 3.11: Mögliche Strukturen eines hybriden Lenkungsmodells mit den Modelleingängen $\delta_{STW}, \dot{\delta}_{STW}$ eines Force-Feedback-Systems, dem Ausgang des physikalischen Grundmodells M_{STW} sowie einem resultierenden Modellausgang $M_{STW,hybrid}$, der dem Referenzmoment entsprechen soll

Manöver mit Querbeschleunigungen über 2 m/s² als auch Bereiche der Kraftschlussgrenze werden über die Einbindung des Closed-Loop-Modells abgebildet. Die dynamische Umgewichtung erfolgt über eine definierte Schranke des On-Center-Bereichs für die aktuelle und die um 5 ms zurückliegende Querbeschleunigung. Damit wird das Reifen- als auch das fahrzeugspezifische Querdynamikverhalten für den Off-Center-Bereich zugänglich. Im Stuttgarter Fahrsimulator werden Steilkurven-Fahrten ausgeschlossen, weshalb dieser Ansatz zulässig ist. Für Fahrmanöver auf Niedrigreibwert kann der Übergang als Funktion der Schräglaufwinkel der Vorderräder berücksichtigt werden.

3.4 Bewertungslogik für Modellgüte

Damit die entwickelten Software-Lenkungsmodelle einschließlich einzelner Ausbaustufen vergleichbar sind, muss ein Gütekriterium entwickelt werden. Das Gütemaß J soll für ein ideales Ergebnis den Wert eins liefern und dabei ein Simulationsmodell über Lenkradmoment und Lenkradmomenten-gradienten bewertbar machen. Die gewichteten Werte der Wurzel des mittleren quadratischen Fehlers des Ausgangs und dessen zeitliche Änderungen werden einbezogen. Gemäß dem Weber'schen Gesetz steigt die Wahrnehmungsschwelle mit steigendem Grundreiz [1]. Dieser Sachverhalt wird linear auf das entwickelte Gütemaß J für den Gradienten und den Fehler angewendet zu:

$$\begin{aligned} J &= 1 - \frac{1}{2} \\ &\cdot \left(\frac{1}{\left|\widetilde{M}_{STW}\right|_{max}} \sqrt{\frac{1}{n} \sum_{t=1}^{t=n} \left(\left(\left(M_{STW}(t) - \breve{M}_{STW}(t) \right) \right)^2 \cdot \left(1 - \frac{\left|\widetilde{M}_{STW}(t)\right|}{\left|\widetilde{M}_{STW}\right|_{max}} \right) \right)} \right. \\ &\left. + \frac{1}{\left|\dot{\widetilde{M}}_{STW}\right|_{max}} \sqrt{\frac{1}{n} \sum_{t=1}^{t=n} \left(\left(\left(\dot{M}_{STW}(t) - \dot{\widetilde{M}}_{STW}(t) \right) \right)^2 \cdot \left(1 - \frac{\left|\dot{\widetilde{M}}_{STW}(t)\right|}{\left|\dot{\widetilde{M}}_{STW}\right|_{max}} \right) \right)} \right). \end{aligned} \qquad \text{Gl. 3.8}$$

Die Klammerausdrücke $\left(1 - \frac{|\widetilde{M}_{STW}(t)|}{|\widetilde{M}_{STW}|_{max}}\right)$ bzw. $\left(1 - \frac{\left|\dot{\widetilde{M}}_{STW}(t)\right|}{|\widetilde{M}_{STW}|_{max}}\right)$ gewichten die Fehler bei Momentenänderung und Geradeausfahrt entsprechend mit Faktor 1 linear abnehmend. Des Weiteren wird ein Effizienzmaß gemäß Kapitel 2.1.3 definiert, angelehnt an [15, 16]:

$$E = E_{STW} = 1 - \frac{MSE(\widetilde{M}_{STW} - M_{STW})}{MSE\left(\widetilde{M}_{STW} - \sigma^2(M_{STW})\right)} \qquad \text{Gl. 3.9}$$

Das Effizienzmaß umfasst einen Wertebereich von $-\infty \leq E \leq 1$ und wird für die Bewertung von simulativer Zahnstangeverschiebung verwendet, wobei für $E \geq 0{,}9$ die Modellgüte in dieser Arbeit ebenfalls als ausreichend genau angenommen wird [16]. Das Gütemaß J wird als Hauptbewertungskennzahl verwendet und das Effizienzmaß als zusätzliche Größe aufgezeigt. Beide

Kennzahlen nutzen das Modellausgangsdrehmoment M_{STW}, das Soll-Lenkradmoment $\widetilde{M}_{STW}$ sowie dessen zeitliche Ableitungen $\dot{\widetilde{M}}_{STW}$ und Maximalwerte $\left|\widetilde{M}_{STW}\right|_{max}$.

4 Umsetzung und Optimierung

Dieses Kapitel beschreibt die Vorgehensweise zur Einteilung der Training- und Testdatensätze, die Konfigurationsauswahl sowie Parameterstudien für die Optimierung des hybriden Software-Lenkungsmodells mit den Ansätzen aus Kapitel 3.3. Beginnend mit der Datenvorverarbeitung erfolgt anschließend die Erweiterung des Lenkungs-Grundmodells mit optimierten neuronalen Netzen einschließlich Anpassung von Hyperparametern sowie der Vergleich der benötigten Rechenleistung zur Laufzeit.

4.1 Trainings- und Testdatensätze

Als Trainingsdatensatz wird der Datensatz für das Training und die Validierung der neuronalen Netze bezeichnet. Für die Trainingsdaten werden Ausschnitte von Autobahn-Messfahrten im On-Center-Bereich bei 100 km/h verwendet. Gemessene Querbeschleunigungen der im Messfahrzeug verbauten inertialen Messeinheit werden in den Fahrzeug-Schwerpunkt umgerechnet. Es liegen maximale Werte von $|a_{y,S}| = 2{,}49\,m/s^2$ im Fahrzeug-Schwerpunkt vor. Zu den in Frage kommenden Features werden Korrelationskoeffizienten nach Gl. 2.6 bestimmt und alle Features im Datensatz mit $\sigma^2 \equiv 0$ entfernt. Weisen zwei Eingangsdaten-Features eine hohe Korrelation zueinander auf, wird eines aus dem Datensatz entfernt. Eine Feature-Label-Korrelation, d. h. die Korrelation zwischen einem Eingang und einem Ausgang des Datensatzes, beispielsweise der Lenkradwinkel und das Lenkmoment, muss gemäß Kapitel 2.6.2 linear sein. Der Sollausgang wird mit verschiedenen Filterungen aus Kapitel 2.1.3 vorverarbeitet. Für die Trainingsdatensätze wird die diskrete Wavelet-Transformation mit unterschiedlichen Denoising-Methoden und Parametern, aufgelistet in Tabelle A.5, verwendet. Die beiden verwendeten Parametersätze der diskreten Wavelet-Transformation werden als "smooth" und "slight" bezeichnet. Als Wavelet-Funktion wird die aus Abbildung 2.4 bekannte Symlet 4 Wavelet-Funktion verwendet. Der gemessene Lenkradwinkel aus dem Winkelsensor im Realfahrzeug entspricht dem im Fahrsimulator-Mockup und wird deshalb nicht gefiltert. Abbildung 4.1 zeigt die resultierenden Soll-Lenkmomente des Trainingsdatensatzes der Voruntersuchungen für

A. Dieing, *Optimierung und Applikation des Lenkungs-Feedbacks in der Fahrsimulation unter Anwendung von künstlicher Intelligenz*, Wissenschaftliche Reihe Fahrzeugtechnik Universität Stuttgart, https://doi.org/10.1007/978-3-658-50559-2_4

die beiden Wavelet-Filtermethoden sowie das zugehörige Rohsignal. Die Wavelet-Parameter sind so gewählt, dass sich keine Abminderung des Drehmoments an den Umkehrpunkten mit $\dot{M}_{STW} = 0$ ergibt.

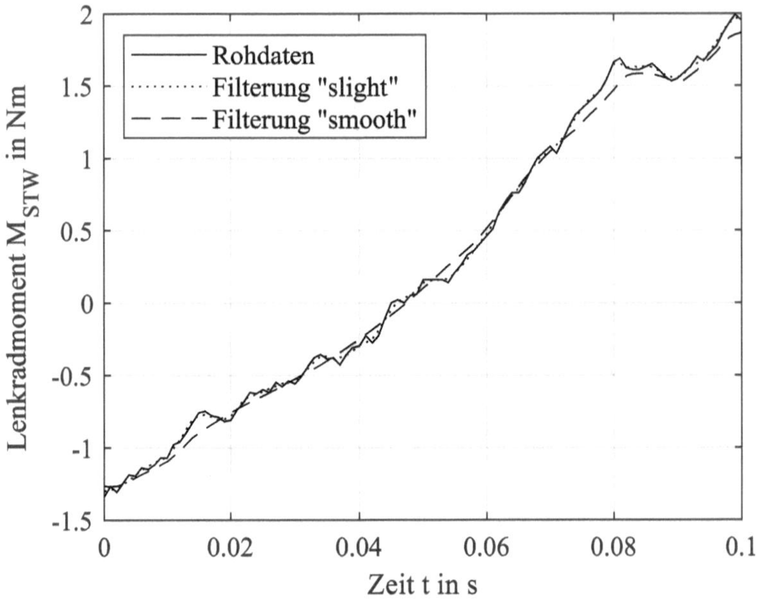

Abbildung 4.1: Ausschnitt des Trainingsdatensatzes für die Voruntersuchungen des hybriden Lenkungsmodells mit dem Vergleich der Wavelet-Filtermethoden “slight“ und “smooth“

In Tabelle 4.1 sind die verschiedenen Trainingsdatensätze mit zugehöriger Anwendung, Dauer und Eigenschaften aufgelistet. $\widetilde{M}_{STW}$ entspricht dem Soll- bzw. gemessenen Referenz-Lenkmoment und M'_{STW} dem jeweiligen Lenkradmoment aus den Lenkmodellen, d. h. physikalisches Grund-Lenkmodell, Skalierungs- oder Adaptionsalgorithmus.

Tabelle 4.1: Spezifikationen und Zuordnung der Trainingsdatensätze

Trainingsdatensatz	Dauer	Eigenschaften
Skalierungsnetz, Voruntersuchung 4.3.1	33 s	$\|\delta_{STW}\| \leq 16{,}37°, \|\widetilde{M}_{STW}\| \leq 3{,}45\ Nm$ $\|M'_{STW}\| = \|M_{STW,Grundmodell}\| \leq 3{,}25\ Nm$
Adaptionsnetz, Voruntersuchung 4.3.2	159 s	$\|\delta_{STW}\| \leq 41{,}43°, \|\widetilde{M}_{STW}\| \leq 3{,}84\ Nm$ $\|M'_{STW}\| = \|M_{STW,Skalierungsnetz}\| \leq 3{,}31\ Nm$
Skalierungsnetz, Optimierung 4.3.1	281 s	$\|\delta_{STW}\| \leq 41{,}43°, \|\widetilde{M}_{STW}\| \leq 4{,}50\ Nm$ $\|M'_{STW}\| = \|M_{STW,Grundmodell}\| \leq 3{,}31\ Nm$
Adaptionsnetz, Optimierung 4.3.2	84 s	$\|\delta_{STW}\| \leq 22{,}90°, \|\widetilde{M}_{STW}\| \leq 1{,}87\ Nm$ $\|M'_{STW}\| = \|M_{STW,Skalierungsnetz}\| \leq 3{,}31\ Nm$
Anomalie-Robustheitsfilternetz 4.3.3	100 s	$\|\delta_{STW}\| \leq 17{,}36°, \|\widetilde{M}_{STW}\| \leq 3{,}88\ Nm$ $\|M'_{STW}\| = \|M_{STW,Adaptionsnetz}\| \leq 2{,}85\ Nm$

Zur Vergleichbarkeit der Ergebnisse werden insgesamt vier Testdatensätze aus den Messfahrten bei circa 100 km/h herangezogen. Die Spezifikationen sowie die zeitliche Dauer sind in Tabelle 4.2 aufgelistet. Zusätzlich sind Fahrzeug-Querbeschleunigungen im Schwerpunkt sowie durchschnittliche Lenkradwinkelgeschwindigkeiten aufgezeigt. Die Lenkwinkelfrequenzen erreichen bis zu 1 Hz, wobei Testdatensatz #4 einen Ausschnitt aus #3 darstellt, der neben Lenkwinkeln auch Lenkradwinkelfrequenzen f_{STW} im On-Center-Bereich enthält. Testdatensatz #2 beinhaltet On- und Off-Center-Bereiche. Der in Kapitel 5.1.2 verwendete Robustheitsdatensatz deckt zusätzlich Geschwindigkeitsbereiche außerhalb der Trainingsdaten sowie Querbeschleunigungen bis etwa 4 m/s^2 ab und zeigt die Eignung der hybriden Lenkungsmodelle für unbekannte bzw. untrainierte Eingangskonstellationen.

Tabelle 4.2: Zeitliche Dauer und Eigenschaften der Testdatensätze aus den realen Messfahrten für das verwendete Mittelklasse-Fahrzeug

Testdatensatz	Dauer	Eigenschaften
#1	65 s	$\lvert\delta_{STW}\rvert \leq 10{,}86°, \lvert\dot{\delta}_{STW}\rvert \leq 102{,}5\frac{°}{s}, \bar{\dot{\delta}}_{STW} = 9{,}34\frac{°}{s}, \lvert a_y\rvert \leq 1{,}57\, m/s^2, \bar{f}_{STW} = 0{,}163\, Hz$
#2	52 s	$\lvert\delta_{STW}\rvert \leq 25°, \lvert\dot{\delta}_{STW}\rvert \leq 297{,}5°/s, \bar{\dot{\delta}}_{STW} = 61{,}53\frac{°}{s},$ $\lvert a_y\rvert \leq 2{,}6\, m/s^2, \bar{f}_{STW} = 1{,}07\, Hz$
#3	40 s	$\lvert\delta_{STW}\rvert \leq 18°, \lvert\dot{\delta}_{STW}\rvert \leq 275\frac{°}{s}, \bar{\dot{\delta}}_{STW} = 31{,}66\frac{°}{s},$ $\lvert a_y\rvert \leq 2{,}77\, m/s^2, \bar{f}_{STW} = 0{,}55\, Hz$
#4	19,8 s	$\lvert\delta_{STW}\rvert \leq 18°, \lvert\dot{\delta}_{STW}\rvert \leq 75\frac{°}{s}, \bar{\dot{\delta}}_{STW} = 13{,}99\frac{°}{s},$ $\lvert a_y\rvert \leq 2{,}77\, m/s^2, \bar{f}_{STW} = 0{,}244\, Hz$
Robustheitsdatensatz Kapitel 5.1.2	205 s	$\lvert\delta_{STW}\rvert \leq 14{,}84°, \lvert\dot{\delta}_{STW}\rvert \leq 57{,}5\frac{°}{s}, \bar{\dot{\delta}}_{STW} = 2{,}04\frac{°}{s},$ $\lvert a_y\rvert \leq 3{,}82\frac{m}{s^2}, \bar{f}_{STW} = 0{,}036\, Hz,$ $85\frac{km}{h} \leq v \leq 180\frac{km}{h}, \bar{v} = 118{,}1\, km/h$

4.2 Konfigurationsauswahl

Nachfolgende Voruntersuchungen zeigen die strukturellen Aufbaumöglichkeiten der Netzarchitekturen bezüglich der zur Verfügung stehenden Ein- und Ausgänge auf. Es wird ein verkürzter, aus Tabelle 4.1 bekannter, Trainingsdatensatz von 33 Sekunden Länge im On-Center-Bereich verwendet und die Konfigurationen nach Kapitel 3.3 werden verglichen. Abbildung 4.2 zeigt die Werte der Wurzel des mittleren quadratischen Fehlers sowie die Veränderungen zum physikalischen Lenkungs-Grundmodell aus Kapitel 3.2. Alle Varianten liefern im On-Center-Bereich eine Gütesteigerung, wobei der Skalierungsansatz den Fehler um etwa 60 % reduziert. Da die Fehlerreduzierung für den Skalierungsalgorithmus am höchsten ist, wird diese Variante als erste hybride Ausbaustufe verwendet sowie optimiert.

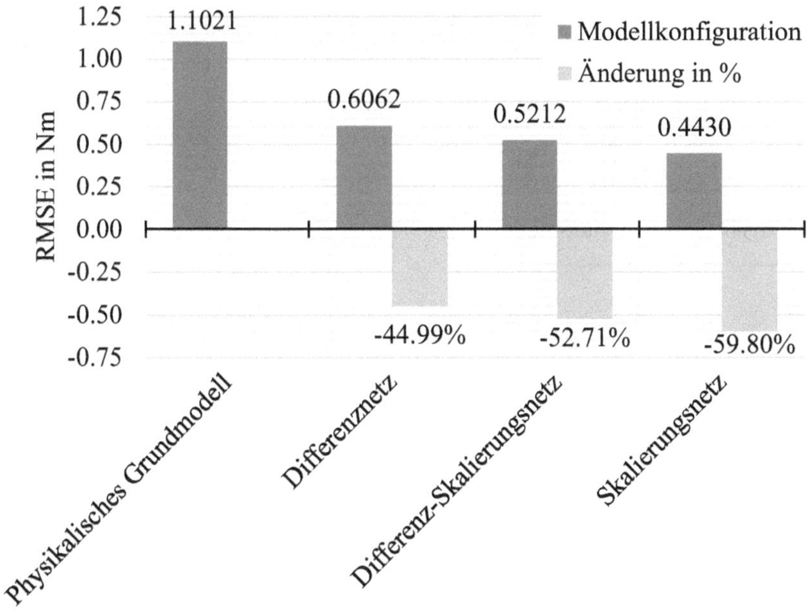

Abbildung 4.2: Wurzel der mittleren quadratischen Fehler für die möglichen hybriden Konfigurationsansätze aus Kapitel 3.3 und prozentuale Veränderung gegenüber dem physikalischen Lenkungs-Grundmodell

Den Aufbau des gesamten hybriden Lenkungsmodells mit den in Kapitel 4.3 festgelegten Konfigurationen und Optimierungen ist in Abbildung 4.3 dargestellt. Als Eingangsvektor des Skalierungsalgorithmus nach Kapitel 4.3.1 dient der Ausgangsvektor des physikalischen Lenkungs-Grundmodells aus Kapitel 3.2. Die Adaption des Skalierungsalgorithmus erfolgt durch ein Differenz-Netz in Abschnitt 4.3.2 sowie ein anschließendes Echtzeit-Filternetz nach Kapitel 4.3.3.

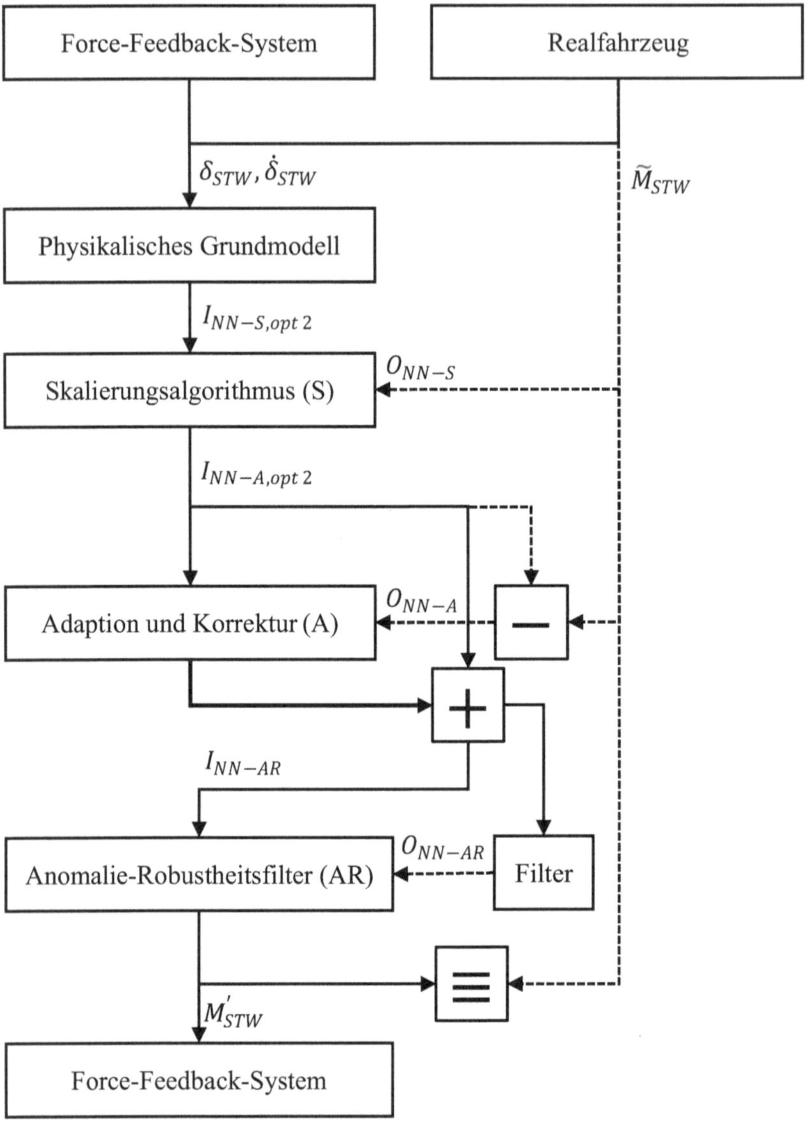

Abbildung 4.3: Aufbau und Konfiguration des in Kapitel 4.3 optimierten hybriden Lenkungsmodells einschließlich der Soll-Ausgänge (gestrichelt) und der Eingangsvektoren

4.3 Parameterstudien für Modellerweiterung

In diesem Abschnitt wird die Methodik für die Netzkonfigurationen aus Abschnitt 4.2 mit der Hyperparameteroptimierung aus Kapitel 2.6.3 erläutert. Dabei erfolgt zunächst eine Korrelationsanalyse gemäß Gl. 2.6. Für den sich daraus ergebenden Aufbau werden optimale Parametersätze definiert und die finale Konstellationsvariante mit der höchsten Güte nach Kapitel 3.4 ermittelt. Beginnend mit dem Skalierungsalgorithmus erfolgt die Erweiterung mit einem Adaptions- sowie einem Anomalie-Robustheits-Filternetz gemäß Abbildung 4.3. Für das Skalierungs- und das Adaptionsnetz erfolgt jeweils eine Voruntersuchung gefolgt von Optimierungsmaßnahmen durch Berücksichtigung vergangener Zeitschritte im Eingangsvektor und Klassifizierungsansätze mit angepassten Übergangsbedingungen. Zur Gütesteigerung wird aus diesen Erkenntnissen ein weiteres Anomalie-Robustheits-Filternetz als letzte hybride Ausbaustufe in Abschnitt 4.3.3 entwickelt.

4.3.1 Skalierungsalgorithmus

Nachfolgend wird die erste hybride Modellerweiterung durch einen Skalierungsalgorithmus mit Hilfe neuronaler Netze erläutert. Zudem wird die Optimierung durch Anwendung der Bayes'schen Hyperparameter-optimierung und eines Klassifizierungsansatzes aufgezeigt.

Konfiguration und Voruntersuchungen des Skalierungsalgorithmus

Beginnend werden die vorliegenden Ein- und Ausgänge für ein vorwärtsgerichtetes neuronales Netz durch eine Korrelationsanalyse verglichen und dessen Sensitivität mit einer Rückwärtseliminierung im Trainingsdatensatz festgelegt. Der Eingangsvektor ist gegeben durch $I_{NN-S,1} = [\delta_{STW}, \dot{\delta}_{STW}, f_{SF}, M'_{STW}]$ mit dem Lenkradmoment M'_{STW} aus dem Grundmodell einschließlich des selektierten Lund-Grenoble-Reibmodells sowie den Funktionswerten der Hilfskraftunterstützung f_{SF}. Für das überwachte Lernen wird das gemessene Lenkradmoment $\widetilde{M}_{STW}$ als Sollausgang aus den Trainingsdaten verwendet. Die Korrelationsanalyse nach Tabelle A.6 zeigt die geringste Feature-Feature-Korrelation zwischen Lenkradwinkel-geschwindigkeit und Lenkradwinkel, gefolgt von Lenkradmoment und Hilfskraftunterstützung. Die größte Korrelation besteht zwischen Lenkradwinkel und

Lenkradmoment. Die höchste Feature-Label-Korrelation weist das Soll- bezogen auf das Modellausgangs-Lenkradmoment auf. Die Sensitivitätsanalyse des Skalierungsnetzes erlaubt die Hilfskraftunterstützungs-Funktion als erstes Feature zu entfernen. Anschließend wird die Lenkradgeschwindigkeit entfernt, da diese die geringste Linearität mit dem Label aufweist. Der Lenkradwinkel zeigt eine hohe Korrelation mit dem Label auf und wird deshalb als Feature beibehalten. Zur Sensitivitätsanalyse werden die Features aus dem Eingangsvektor als Rückwärtselimination nacheinander entfernt. Damit ergeben sich die reduzierten Eingangsvektoren zu:

$$I_{NN-S,2} = [\delta_{STW}, \dot{\delta}_{STW}, M'_{STW}]$$

$$I_{NN-S,3} = [\delta_{STW}, M'_{STW}]$$

$$I_{NN-S,4} = [M'_{STW}]$$

Der Ausgangsvektor ist über das per Messlenkrad erfasste und zunächst ungefilterte Lenkradmoment $\widetilde{M}_{STW}$ definiert zu:

$$O_{NN-S} = [\widetilde{M}_{STW}]$$

Die mit Hilfe der Bayes'schen Optimierung festgelegten Hyperparameter umfassen die in Tabelle A.7 aufgezeigten Parameter und Wertebereiche, wobei die Aktivierungsfunktionen der Ein- und Ausgänge, die Iterationszyklen und die Epochenlängen statisch definiert sind. Die Werte der Wurzel des mittleren quadratischen Fehlers für die Trainings-Validierungsdaten der Rückwärts-eliminierung für die Aktivierungsfunktionen aus Abbildung 2.19 zeigt Abbildung 4.4. Die Input-Variante $I_{NN,1}$ zeigt für die Hidden-Layer-Netzgröße von [296, 21, 269] und Rectifier-Aktivierungsfunktion mit Regularisierungsfaktor von $\lambda = 8{,}07^{-10}$ den geringsten Fehler von 0,16 Nm. Bei Unterdrückung der Hilfskraftunterstützungs-Funktion verschlechtert sich das Ergebnis um circa 20 %, wohingegen ohne die Lenkradwinkelgeschwindigkeit der Fehler um weitere 85 % ansteigt. Gegenläufig sinkt die notwendige Nichtlinearisierungsfähigkeit des neuronalen Netzes, so dass die Netzgröße der Hidden-Layer auf bis zu [1, 2] abnimmt. Die Hyperparameter sind ausführlich in Tabelle A.4 im Anhang aufgeführt.

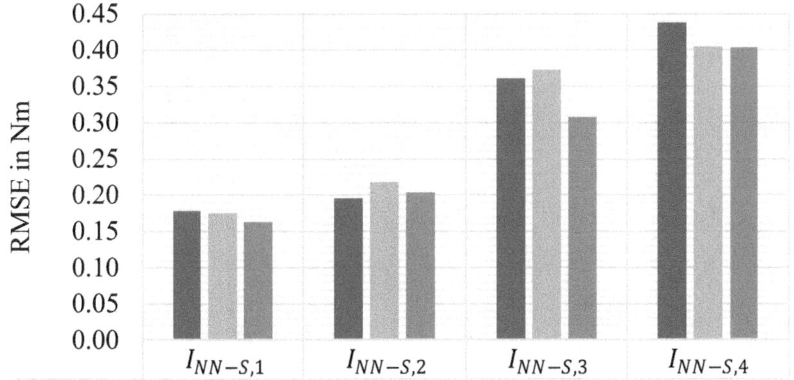

	$I_{NN-S,1}$	$I_{NN-S,2}$	$I_{NN-S,3}$	$I_{NN-S,4}$
Tanh	0.1776	0.1950	0.3606	0.4377
Sigmoid	0.1750	0.2170	0.3729	0.4050
ReLU	0.1622	0.2032	0.3070	0.4033

Abbildung 4.4: Fehler der Hyperparameter-Optimierung für die Trainingsdaten

Abbildung 4.5 zeigt die Werte der Wurzel der mittleren quadratischen Fehler für den hybriden Ansatz mit Skalierungsalgorithmus gegenüber dem Lenkungs-Grundmodell für die vier Testdatensätze aus Tabelle 4.2. Die Fehler des physikalischen Lenkungs-Grundmodells steigen mit der Frequenz an. Dort erzielt eine hybride Modellierung die maximale Verbesserung und ist in der Lage geschwindigkeitsabhängige Systemeigenschaften präziser abzubilden. Das Lenkungs-Grundmodell dient als Referenz der Fehlerreduzierung für die hybriden Lenkungsmodellierung. Der über alle vier Testfahrten gemittelte Fehler für das Lenkungs-Grundmodell beträgt 1,10 Nm und wird mit einem hybriden Lenkungsmodell um bis zu 74% reduziert.

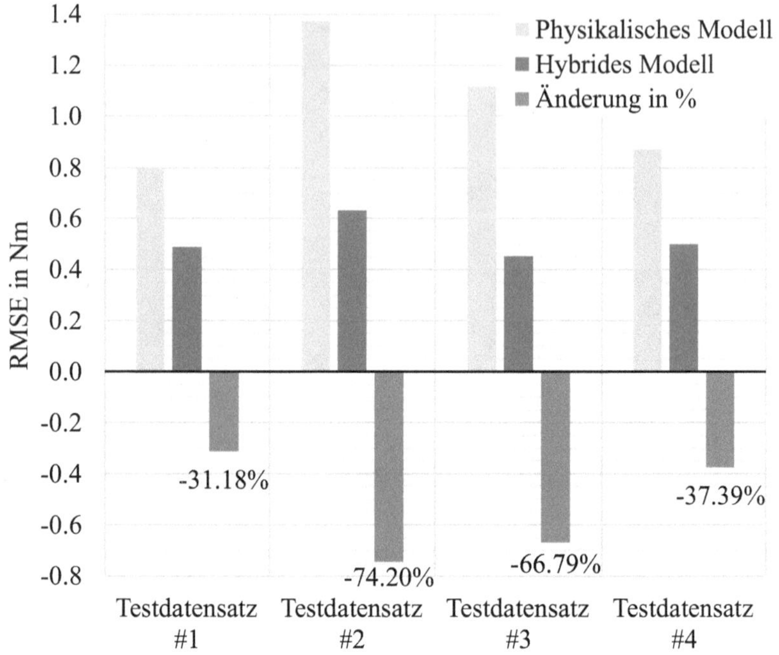

Abbildung 4.5: RMSE für physikalisches und hybrides Softwaremodell der Lenkung mit Skalierungsalgorithmus der verschiedenen Testdatensätze

Optimierungsansätze des Skalierungsalgorithmus

Der Skalierungsalgorithmus wird in diesem Abschnitt optimiert und mit der Gütefunktion nach Gl. 3.8 bewertet. Der Modellausgang der Voruntersuchungen weist aufgrund der diskreten numerischen Ableitungen, insbesondere durch die Lenkwinkelgeschwindigkeit, inadäquate Ausreißer auf. Um dieses Problem zu umgehen, werden Beobachtungen aus den vorherigen Zeitschritten mit als Netz-Input aufgenommen. Eine weitere Sensitivitätsanalyse mit den Eingangsvektoren:

$$I_{NN-S,opt1} = [\delta_{STW,t}, f_{SF}, M'_{STW}]$$

$$I_{NN-S,opt2} = \left[\delta_{STW,t}, f_{SF}, M'_{STW,t}\right]$$

und den Zeitschritten $-4 \leq t \leq 0$ zeigt für $I_{NN,opt2}$ die besten Resultate. Der Eingangsvektor wird auf insgesamt elf Features erweitert. Als weitere Optimierungsmaßnahme wird der Datensatz klassifiziert, basierend auf dem maximalen Lenkradmoment des physikalischen Lenkungs-Grundmodells von $M'_{STW} = \pm 4{,}50\ Nm$. Die Klassifizierung für das Training und den Einsatz einschließlich der Bereichsdefinition ist in Tabelle 4.3 aufgezeigt. Um Rand- und Übergangsbereiche ausreichend abzudecken, wird das Trainingsintervall um 0,05 Nm breiter als das Einsatzintervall gewählt. Es erfolgen fünf Teilklassifizierungen mit einem Bereich von jeweils 0,90 Nm. Neben der Optimierung durch das Entfernen der Lenkradwinkelgeschwindigkeit $\dot{\delta}_{STW}$ und das Hinzufügen von vorangegangen Zuständen im Eingangsvektor liefert die Klassifizierung des Skalierungsnetzes und der Datensätze eine weitere Gütesteigerung von etwa 1 % sowie eine Fehlerreduzierung von 8%.

Tabelle 4.3: Klassifizierung in Abhängigkeit des Lenkradmoments vom Lenkungs-Grundmodell

Klassifizierung	Modellausgang Training	Modellausgang Test	Bereich
#1	$\pm 0{,}95\ Nm$	$\pm 0{,}90\ Nm$	Mittenbereich
#2	$\pm(0{,}85 - 1{,}85)\ Nm$	$\pm(0{,}90 - 1{,}80)\ Nm$	Übergänge 1-2-3
#3	$\pm(1{,}75 - 2{,}75)\ Nm$	$\pm(1{,}80 - 2{,}70)\ Nm$	Übergänge 2-3-4
#4	$\pm(2{,}65 - 3{,}65)\ Nm$	$\pm(2{,}70 - 3{,}60)\ Nm$	Übergänge 3-4-5
#5	$\pm(3{,}55 - 4{,}50)\ Nm$	$\pm(3{,}60 - 4{,}50)\ Nm$	Umkehr-punkte

Die folgenden Schritte umfassen die Untersuchung für zwei Wavelet- und eine Null-Phasen-Filtermethode des Soll-Ausgangs, Netzvarianten ohne Klassifizierung sowie die Auswirkung von Normierung, Standardisierung und Regularisierung. Zunächst wird der neue vergrößerte Datensatz nach Tabelle 4.1 erstellt, hinsichtlich Anomalien analysiert und am Ende entsprechend klassifiziert. Dabei werden für jeden Bereich separate Netze trainiert sowie deren

Hyperparameter optimiert. Auf Grundlage des Trainingsverlusts werden für festgelegte Epochenlängen die Hyperparameter optimiert. Zur Einordnung der erzielten Ergebnisse werden die optimierten hybriden Netzkonfigurationen ohne Klassifizierung, ohne Normierung als auch eine weitere Null-Phasen-Filtermethode ab 8 Hz mit 4. Filter-Ordnung aufgezeigt. Die Iterationsbegrenzung beträgt jeweils 500 Epochen ohne Stapelteilung (Full-Batch). Tabelle A.8 listet zudem die signifikanten Parametereigenschaften für ausgewählte Netzkonfigurationen gemäß der Untersuchungsmatrix aus Tabelle A.9. Die Wavelet-Filter-Variante "smooth" und die Null-Phasen-Tiefpass-Filterung zeigen identische Ergebnisse, beeinflussen jedoch die Hyperparameter. Aufgrund der Überschneidung des Modellausgangs im Trainingsdatensatz werden auch die Grenz- und Übergangsbereiche ausreichend trainiert und berücksichtigt. Alle Werte sind auf die Menge von (-1,1), d. h. ohne Intervallgrenzen, separat für jede Klassifizierungsklasse, normiert. Abbildung 4.6 zeigt die quantitative Datenverteilung der Klassifizierungen #1 bis #4. Den zeitlich größten Anteil weist der direkte Mittenbereich auf, gefolgt von den Umkehrpunkten. Da für die aufgezeichneten Messfahrten kein physikalisch generiertes Lenkradmoment oberhalb von 3,60 Nm liegt, wird für die weitere Untersuchungen die Klassifizierung #5 vernachlässigt. Im Betrieb wird dieser Fall vom hybriden Modellteil der Klassifizierung #4 übernommen.

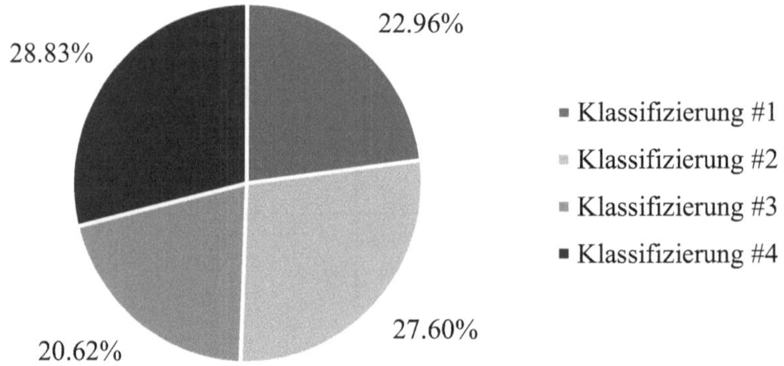

Abbildung 4.6: Quantitative Datenverteilung der Klassifizierung des Skalierungsnetzes

Der Trainingsverlust bei dem Klassifizierungsnetz #1 konvergiert für den hyperbolischen Tangens selbst bei einer Epochenlänge von 10000 nicht, weshalb die Recitifier-Aktivierungsfunktion verwendet wird. Alle weiteren Klassifizierungsnetze konvergieren zwischen 300 und 2000 Epochen. Klassifizierung #2 und #3 zeigen ebenfalls für die Recitifier-Aktivierungsfunktion die besten Resultate, Klassifizierung #4 für die Sigmoid-Aktivierungsfunktion. Der Optimierung-Skalierungs-Ansatz zeigt gegenüber der besten Variante aus der Voruntersuchung eine Reduzierung der Wurzel des mittleren quadratischen Fehlers um 36,5 % im besten bzw. 15 % im schlechtesten Fall.

Als weitere Optimierungsmaßnahme erfolgt die Erweiterung der Klassifizierung aus Tabelle 4.3 um eine Übergangsfunktion zwischen den einzelnen Klassifizierungen. Die Untersuchung von Mittelwert, linearer und trigonometrischer Funktion zeigt für den Mittelwert das Optimum. Dabei sind zudem die Grenzen gemäß Tabelle 4.4 angepasst und mit einer Übergangsbreite von 0,1 Nm gemittelt.

Tabelle 4.4: Optimierte Klassifizierungsfunktion für die Übergangs-bereiche

Klassifizierung	Modellausgang optimiert	Bezeichnung
#1	$\pm 0{,}85\ Nm$	Modell #1
#1-2	$\pm(0{,}85 - 0{,}95)\ Nm$	Übergang zwischen #1 und #2
#2	$\pm(0{,}95 - 1{,}75)\ Nm$	Modell #2
#2-3	$\pm(1{,}75 - 1{,}85)\ Nm$	Übergang zwischen #2 und #3
#3	$\pm(1{,}85 - 2{,}65)\ Nm$	Modell #3
#3-4	$\pm(2{,}65 - 2{,}75)\ Nm$	Übergang zwischen #3 und #4
#4	$\pm(2{,}75 - 3{,}65)\ Nm$	Modell #4

In Abhängigkeit des gewählten Testdatensatzes liefern die aufgezeigten Netzkonfigurationen vergleichbare Resultate. Zur weiteren Optimierung werden die verschiedenen Klassifizierungs-Netze mit einer Mittelwert-

Übergangsbedingung bzw. daraus der Mittelwert-Ausgang (C8, C9, C10, C14) sowie die beiden besten nicht klassifizierten Varianten als Mittelwert-Variante aufgenommen. Folgende Konfigurationen werden untersucht: C8+C9, C8+C9+C10, C8+C9+C10+C14, wobei die letzte Variante das Optimum darstellt. Bei den nicht-klassifizierten zeigt die Konfiguration C03+C05 und der Mittelwert-Ausgang ein Optimum. Diese Konfigurationen sind fortan als S1, S2 und S3 definiert:

S1: C8 mit Mittelwert-Übergangsbedingung

S2: C8, C9, C10, C14 jeweils mit Mittelwert-Übergangsbedingung, Mittelwert-Ausgang

S3: C03, C05, Mittelwert-Ausgang

Die Gütefunktion und das Effizienzmaß besitzen für Testdatensatz #3 folgende Werte:

$$J(S1) = 0{,}9170, E(S1) = 0{,}9935$$

$$J(S2) = 0{,}9211, E(S2) = 0{,}9934$$

$$J(S3) = 0{,}9191, E(S3) = 0{,}9932$$

Es gilt für alle Effizienzmaße $E(S1, S2, S3) \geq 0{,}9$, so dass diese gemäß Kapitel 3.4 als zulässig eingestuft werden. Die Gütefunktion zeigt für die Konfiguration S2 den maximalen Wert von $J(S2) = 0{,}9211$. Das physikalische Grundmodell liefert für denselben Testdatensatz einen Gütewert von $J = 0{,}8180$. Die Gütefunktion und das Effizienzmaß ergeben sich als Mittelwert des Sollmoments für das Rohsignal sowie für die drei aufgeführten Filtermethoden: Vorwärts-Rückwärts-Tiefpass-Filterung, Wavelet-Denoising "slight", Wavelet-Denoising "smooth".

4.3.2 Adaption und Korrektur

Auf Grundlage der Ergebnisse des Skalierungsnetzes kann der weiterführende Schritt eines Adaptionsnetzes folgen. Dieses wird mit dem Fehler, d. h. der Abweichung zwischen Messdaten und aktuellem Modellausgang (Grundmodell + Skalierungsnetz), als Sollausgang $\Delta\widetilde{M}_{STW}$ trainiert. Die Konfiguration entspricht damit den "Differenz"-Varianten aus Abbildung 3.11.

Voruntersuchungen des Adaptionsnetzes

Die Korrelationswerte für den Voruntersuchungs-Datensatz zeigt Tabelle A.10, wobei die Hilfskraftunterstützung keinen erneuten Einfluss hat. Der Eingang des Modellausgangs umfasst den Ausgang des Skalierungsalgorithmus aus den Voruntersuchungen und weist gemäß Korrelationsmatrix den geringsten Einfluss zum Soll-Differenzmoment auf. Wird dieser Eingang im Adaptionsnetz berücksichtigt, ergibt sich die Konfiguration der "Differenz-Skalierung" nach Abbildung 3.11. Verglichen werden folgende drei Input-Varianten:

$$I_{NN-A1} = [\delta_{STW}, \dot{\delta}_{STW}, M'_{STW} = M_{STW,Grundmodell}]$$

$$I_{NN-A2} = [\delta_{STW}, \dot{\delta}_{STW}, M'_{STW} = M_{STW,Skalierungsnetz}]$$

$$I_{NN-A3} = [\delta_{STW}, \dot{\delta}_{STW}]$$

Der Soll-Ausgang O_{NN-A} ist gegeben durch die Differenz aus Messung und Skalierungsalgorithmus zu:

$$O_{NN-A} = [\widetilde{M}_{STW} - M'_{STW}]$$

Es werden die Wavelet-Filterung "slight" bzw. Rohsignalwerte verwendet. Die Ergebnisse zeigen für $I_{NN-A,1}$ und $I_{NN-A,2}$ Fehler im Bereich von $RMSE_{A,1,2} = 0{,}4\ Nm \pm 5\ \%$, wobei ohne Berücksichtigung des Lenkmoments der Fehler auf über $RMSE_{A,3} = 0{,}5\ Nm$ ansteigt. Das Training mit den Rohsignalen liefert gegenüber der Filterung für alle vier Testdatensätze einen Fehleranstieg von 2 %. Dies bestätigt die Notwendigkeit einer Daten-Vorfilterung.

Optimierungsansätze des Adaptionsnetzes

Auf Grundlage der Voruntersuchungen und der Optimierungen des Skalierungsnetzes aus Kapitel 4.3.1 wird dieses um ein optimiertes Adaptionsnetz ergänzt. Es werden die drei Skalierungskonfigurationen S1, S2 und S3 herangezogen. Aufgrund der ausführlichen Optimierung des Skalierungsalgorithmus wird der Adaptionsansatz als „Differenz"-Konfiguration aufgebaut, gemäß den Voruntersuchungen mit dem Eingangsvektor $I_{NN-A,2}$. Die Korrelationsanalyse nach

Tabelle A.11 zeigt für den neuen Datensatz gegenüber den Voruntersuchungen aus Tabelle A.10 eine geringere Korrelation des Modellausgangs im Vergleich zu dem Soll-Differenz-Ausgang. Dies bestätigt die getroffene Annahme die Konfiguration mit dem $I_{NN-A,2}$ weiterzuführen. Untersucht werden drei verschiedene optimierte Eingangs-Konstellationen, mit dem Ausgang des Skalierungsalgorithmus M'_{STW} bzw. den Optimierungsansätzen aus $M'_{STW,t}$ und $\delta_{STW,t}$, zu:

$$I_{NN-A,opt1} = \left[\delta_{STW,t}, M'_{STW,t}\right]$$

$$I_{NN-A,opt2} = \left[M'_{STW,t}\right]$$

$$I_{NN-A,opt3} = [\delta_{STW}, M'_{STW}]$$

Die maximale Güte des Adaptionsalgorithmus wird für die Konfigurationen $I_{NN-A,opt2} = \left[M'_{STW,t}\right]$ und $O_{NN-A} = [M_{STW} - M'_{STW}]$ mit $M'_{STW,t} = M'_{STW,t}(S2)$ und $M'_{STW} = M'_{STW}(S2)$ erreicht. Die Adaption und Korrektur erfolgen über den Ansatz einer "Differenz-Skalierung". Die Bewertungskriterien liefern folgende Werte:

$$J(A2) = 0{,}9235$$

$$E(A2) = 0{,}9929$$

$$\Delta J(A2 - S2) = 0{,}9235 - 0{,}9211 = 0{,}024 \mathrel{\widehat{=}} 2{,}4\,\%$$

$$\Delta E(A2 - S2) = 0{,}9929 - 0{,}9934 = -0{,}005 \mathrel{\widehat{=}} -0{,}5\,\%$$

Die mit Hilfe der Bayes'schen Optimierung identifizierten Hyperparameter des optimierten Adaptionsnetzes A2 sind in Tabelle A.12 aufgeführt. Die nicht mehr zur Bewertung verwendete Wurzel des mittleren quadratischen Fehlers liefert einen über die vier Testfahrten gemittelten Wert von 0,36 Nm. Dies entspricht einer Reduzierung des Fehlers von 0,74 Nm gegenüber dem physikalischen Lenkungs-Grundmodell. Die Ergebnisse zeigen, dass die Optimierungen für den Ansatz als Open-Loop-On-Center-Lenkungsmodell konvergieren. Das Effizienzmaß liegt erneut oberhalb der geforderten Grenze von $E(A2) = 0{,}9929 > 0{,}99$.

4.3.3 Anomalie-Robustheitsfilter

Die Netzkonfiguration A2 erzielt die besten Resultate der Gütefunktion von $J(A2) = 0{,}9235$. Die bisherigen Ergebnisse zeigen für ungelernte Datensätze Anomalien in den Umkehrpunkten, die als Netz-Rauschen interpretiert werden. Zur Sicherstellung der Robustheit des entwickelten hybriden Softwaremodells der Lenkung wird ein echtzeitfähiger Anomaliefilter entwickelt. Dieser überbrückt und glättet stochastisch erzeugte Lenkradmomente aus dem Softwaremodell durch ein weiteres neuronales Netz (AR). Als Trainingsdatensatz wird eine Messfahrt nach Tabelle 4.1 bei einer Geschwindigkeit von 130 km/h und Sinuslenken verwendet. Als Eingang werden die Konfiguration A2 und die vergangenen vier Zeitschritte eingesetzt. Soll-Ausgang ist der Null-Phasengefilterte Ausgang des Adaptionsnetzes. Ziel ist dem Netz des Anomalie-Robustheits-Filters das Antrainieren einer Echtzeitfilterung und Glättung von Ausreißern, mit Hilfe des Eingangsvektors $I_{NN-AR} = [M'_{STW,t}]$, des Ausgangsvektors $O_{NN-AR} = [\widetilde{M}'_{STW}]$ mit dem Modellausgang des Adaptionsnetzes $M'_{STW,t}$ und der Vorwärts-Rückwärts-Filterung des Modellausgangs des Adaptionsnetzes $\widetilde{M}'_{STW}$. Für das selektierte A2-Netz zeigt die hyperbolische Tangens-Aktivierungsfunktion bei einem Hidden-Layer mit 20 Neuronen eine weitere Verbesserung. Das Bewertungsmaß steigt von $J(A2) = 0{,}9235$ um 0,8 % auf $J(AR) = 0{,}9309$. Für den Einsatz in sicherheitskritischen Systemen wie den Steer-by-Wire-Systemen erfolgt zusätzlich eine Implementierung einer fail-safe Rückfallebene. Die Differenz aus aktuellem und vorangegangenen Gesamtmodell-Ausgang wird mit einem Schwellwert verglichen. Dieser ist durch die Messfahrten auf einen konservativen Wert von $\frac{\Delta M_{STW}}{\Delta t} \geq 1{,}5 \frac{Nm}{ms}$ festgelegt. Wird diese Schwelle überschritten, wird auf das physikalische Lenkungs-Grundmodell hart übergeschaltet. Des Weiteren erfolgt eine Überprüfung des Lenkradwinkels in Echtzeit, bei unrealistischen Lenkradsprüngen von $\frac{\Delta \delta_{STW}}{\Delta t} \geq 3{,}6 \frac{°}{ms} = 0{,}06 \frac{rad}{ms}$ wird dieser auf $\delta_{STW} \equiv 0$ gesetzt. Damit erzeugt auch ein nachgeschaltetes Softwaremodell kein Lenkradmoment und ein Fehlverhalten durch Sensorfehler wird unterbunden.

4.3.4 Modell-Performance

Die Leistung des echtzeitfähigen Lenkungs- und Restbus-Computers im Fahrzeug-Mockup ist begrenzt und es wird eine schnellstmögliche Lenkungsmodell-Berechnung angestrebt. Aus den Resultaten der vorangegangenen Abschnitte werden die Performancewerte von Lenkungs-Grundmodell sowie hybriden Lenkungsmodellen verglichen und daraus eine Konfiguration ausgewählt. Diese stellt ein Kompromiss aus maximaler Güte bei minimaler Rechenzeit dar. Die Aufteilung der Rechenzeit des Grundmodells der Lenkung und der hybriden Varianten der Lenkungsmodelle für den Testdatensatz #1 ist in Abbildung 4.7 dargestellt. Im physikalischen Lenkungs-Grundmodell liegt der Anteil durch die Reibmodelle bei 60 %, da hier die aufgezeigten Reibmodell-Varianten parallel berechnet werden. Das gewählte Lund-Grenoble-Reibmodell besitzt wiederum einen Anteil von 5 %. Die Rechenzeit der optimalen hybriden Struktur beträgt 157 %, die "Performance"-Variante 22 %, gegenüber der physikalischen Modellierung. Der Klassifizierungsansatz des Skalierungsnetzes bei der "Optimum"-Lenkmodellierung erhöht die Leistung gegenüber eines einzelnen Skalierungsnetzes um das 8-fache.

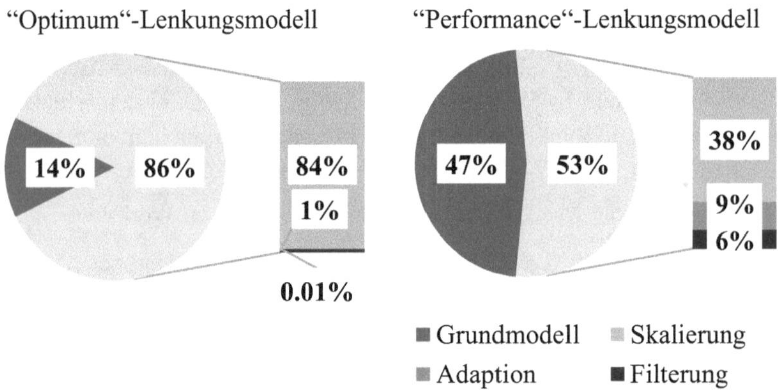

Abbildung 4.7: Rechenzeitverteilung von Grund- inkl. Reibmodell, hybrides "Performance"- und hybrides "Optimum"-Lenkungsmodell

Trotz der 9-fach benötigten Rechenleistung erzielt der "Optimum"-Ansatz lediglich eine Gütewertsteigerung von 7 % gegenüber der "Performance"-Variante. Für den Einsatz im Stuttgarter Fahrsimulator wird deshalb das "Performance" Softwaremodell der Lenkung implementiert und validiert.

5 Ergebnisse und Diskussion

Im Folgenden werden die erzielten Resultate der entwickelten Gütefunktion für die in Kapitel 3 und 4 erstellten Softwaremodelle der Lenkung aufgezeigt. Es erfolgt eine Erweiterung mit Kraft- und Weganregung im physikalischen Lenkungs-Grundmodell sowie eine Überprüfung mit einem unbekannten Testdatensatz außerhalb des On-Center-Bereichs. Die abschließende Verifizierung und Validierung des selektierten hybriden Lenkungsmodells der "Performance"-Variante erfolgt durch eine Probandenstudie im Stuttgarter Fahrsimulator mit dem Fahrzeug-Mockup und Force-Feedback-Lenksystem.

5.1 Hybrides Lenkungsmodell

Die finalen Modelle der Lenkung umfassen die Varianten "Optimum" und "Performance" der hybriden Ansätze. Die Güte beider Modelle wurde bereits in Kapitel 4 aufgeführt. Nachfolgend wird die Allgemeingültigkeit und die Generalisierung der Modelle mittels Sensitivitätsanalyse aufgeführt. Des Weiteren erfolgt die Enumeration der Robustheit und der Erweiterung zum Closed-Loop-Modell durch einen zusätzlichen Robustheits-Datensatz und der Beaufschlagung von Störgrößen.

5.1.1 Sensitivität und Generalisierung

Ein hybrides Lenkungsmodell erlaubt im physikalischen Lenkungs-Grundmodell eine Anpassung von Komponenteneigenschaften. Mit der Sensitivitätsanalyse wird gezeigt, in welchem Maße sich dies auf die Ausgangssignale auswirkt und ob ein Neutrainieren der neuronalen Netze notwendig ist. Da keine Messdaten für ein Fahrzeug mit anderen Steifigkeiten oder Übersetzungsverhältnissen vorliegen, erfolgt die Bewertung zur Referenz ohne Anpassungen. Abbildung 5.1 zeigt die Ergebnisse der Gütefunktion aus Gl. 3.8 und des Effizienzmaßes nach Gl. 3.9 für beide hybride Softwaremodelle der Lenkung einschließlich der Ergebnisse bei Abänderungen von physikalischen Parametern wie Steifigkeit oder Hilfskraftunterstützung im Lenkungs-Grundmodell. Eine

A. Dieing, *Optimierung und Applikation des Lenkungs-Feedbacks in der Fahrsimulation unter Anwendung von künstlicher Intelligenz*, Wissenschaftliche Reihe Fahrzeugtechnik Universität Stuttgart, https://doi.org/10.1007/978-3-658-50559-2_5

Erhöhung der Torsionsstabsteifigkeit um 20 % resultiert in einem Anstieg der Gesamtsteifigkeit sowie der Hilfskraft.

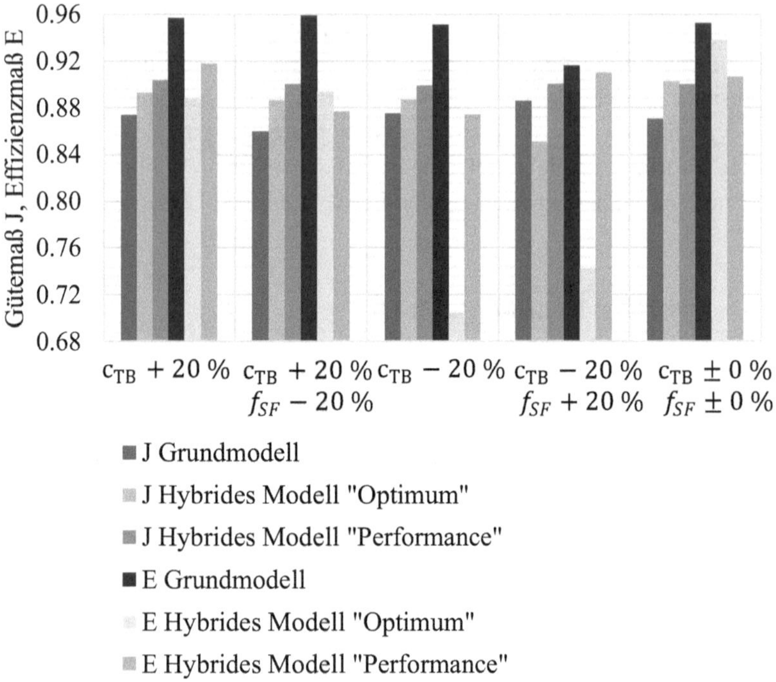

Abbildung 5.1: Gütewerte und Effizienzmaße der Modelle bei Variation der Steifigkeit und der Unterstützungskraft im physikalischen Lenkungs-Grundmodell für den Testdatensatz #3

Eine anschließende Reduzierung der Hilfskraftunterstützung um 20 % erlaubt die Korrektur der Unterstützungsfunktion auf die ursprüngliche Unterstützungskraft. Analog werden diese beiden Schritte für eine Verringerung von 20 % durchgeführt. Der Einfluss auf die Modellgüte für Steifigkeitsabänderungen von $c_{TB} \pm 20$ % zeigt allgemein, dass das "Performance"-Lenkungsmodell eine identische Güte und gleichbleibende Robustheit liefert. Demgegenüber zeigt das Lenkungs-Grundmodell als auch das "Optimum"-Modell der Lenkung für die Verringerung der Steifigkeit bei gleichzeitiger Erhöhung der Hilfskraftunterstützung, aufgrund des daraus resultierenden geringeren Kraftniveaus, die höchste Empfindlichkeit.

Die Eignungsprüfung zur Generalisierung erfolgt mittels Veränderung des Ausgangs-Drehmoments vom Lenkungs-Grundmodell sowie vom Referenz-Lenkmoment um ± 20 % und ± 10 %. Dadurch sind die Bewertungsmaße anwendbar. Das Lenkradmoment wird damit auf Sportwagen- bzw. auf Komfortniveau adaptiert, unter Einbehalt der Charakteristik. Zusätzlich wird der Ausgang der hybriden Lenkungsmodelle bei einem Grundmodell-Lenkmoment von $M_{STW} \equiv 0$ und damit der Betrieb als alleinstehendes neuronales Netz aufgezeigt. In Tabelle 5.1 sind die prozentualen Gütewertänderungen ΔJ der beiden hybriden Lenkungsmodell-Varianten für den Testdatensatz #3 aufgeführt. Bei einer Erhöhung des Lenkmoments um 10 % zeigt das "Performance"-Modell eine Gütesteigerung von knapp 0,3 % und ist analog zu den Ergebnissen der Steifigkeits- und Hilfskraftänderungen robuster als die "Optimum"-Variante. Während beim reinen "Netzbetrieb" das "Optimum"-Modell seine Güte um etwa ein Drittel auf $J = 0{,}6317$ verringert, liefert das "Performance"-Modell eine Güte von $J = 0{,}8819$. Das hybride "Performance"-Lenkmodell ist somit für den Stand-Alone Betrieb, ohne physikalisches Vorwissen aus dem Lenkungs-Grundmodell, in der Lage ein valides Lenkmoment zu generieren und zeigt für jegliche Abänderungen im physikalischen Lenkungs-Grundmodell eine Allgemeingültigkeit.

Tabelle 5.1: Relative Gütewertänderung ΔJ der hybriden Lenkungsmodelle bei Adaption des Lenkmomentenausgangs im physikalischen Lenkungs-Grundmodell für den Testdatensatz #3.

Variante	ΔJ "Optimum" in %	ΔJ "Performance" in %
$M_{STW} \equiv 0\ Nm$	-29,9249	-3,9390
$M_{STW} + 10$ %	-0,4442	+0,0327
$M_{STW} + 20$ %	-1,2694	-0,8636
$M_{STW} - 10$ %	-1,1839	-1,2610
$M_{STW} - 20$ %	-4,8051	-3,6725

Die Sensitivität der hybriden Lenkungsmodelle wird mit Lenkwinkelfrequenzen von 0,1 Hz, 0,2 Hz, 0,5 Hz, 1 Hz und 2 Hz bei Lenkwinkeln von 0,25 rad, mit Lenkwinkelfrequenzen von 0,1 Hz bei ansteigenden Lenkwinkeln bis zu

$\delta_{STW} = \pm\pi$ sowie mit beiden Varianten in Kombinationen geprüft. Die Simulationsdauer beträgt jeweils 40 Sekunden. Da keine Referenzmessung vorliegt, wird zur Bewertung die Wurzel des mittleren quadratischen Fehlers zwischen Ist-Ausgang und geglättetem Ist-Ausgang verwendet. Die Sensitivitätsanalyse beschränkt sich damit auf die Bewertung einer rauschfreien Lenkungsmodell-Ausgabe und nicht auf eine Plausibilitätsprüfung von Absolutwerten. In Tabelle 5.2 sind die Fehler für die finalen hybriden Softwaremodelle der Lenkung für ansteigende Lenkwinkelfrequenzen aufgeführt. Die Werte liegen, nach Kapitel 2.3.2, unterhalb der vom Menschen wahrnehmbaren Schwelle für Lenkmomente und zeigen die Eignung des hybriden Lenkungsmodells für Lenkwinkelfrequenzen oberhalb von 1 Hz. Das in der Abschlussstudie verwendete "Performance"-Modell liefert erneut die geringeren Fehler bzw. generiert ein rauschfreies Ausgangs-Lenkmoment.

Tabelle 5.2: RMSE für Sinuslenken bei Lenkwinkelamplituden von 0,25 rad für ansteigende Lenkfrequenzen bis 2 Hz

Frequenz	0,1 Hz	0,2 Hz	0,5 Hz	1 Hz	2 Hz
RMSE in mNm "Performance"	4,77	3,93	4,09	6,45	9,34
RMSE in mNm "Optimum"	9,53	9,52	7,20	8,57	7,72

5.1.2 Robustheit

Um die Allgemeingültigkeit und die Generalisierung des Modells final darzulegen, wird ein weiterer Robustheits-Testdatensatz nach Tabelle 4.2 für die Auswertung verwendet. Dieser umfasst einen Geschwindigkeitsbereich von 85 km/h bis 180 km/h, maximale Querbeschleunigungen von $|a_y| \leq 3{,}82\,\frac{m}{s^2}$ und neben Autobahn- auch Stadtfahrten. Damit liegt er außerhalb des On-Center- und Trainingsdaten-Bereichs. Die Gesamtdauer beträgt 205 Sekunden. Abbildung 5.2 zeigt für die beiden hybriden sowie das Lenkungs-Grundmodell die Fehler und die resultierende Güte des Robustheitsdatensatzes. Beide hybriden Lenkungsmodelle liefert eine ausreichend hohe Güte, jedoch zeigt das "Performance"-Modell mit $J = 0{,}9040$ die robustere Güte und damit die Eignung zur Generalisierung.

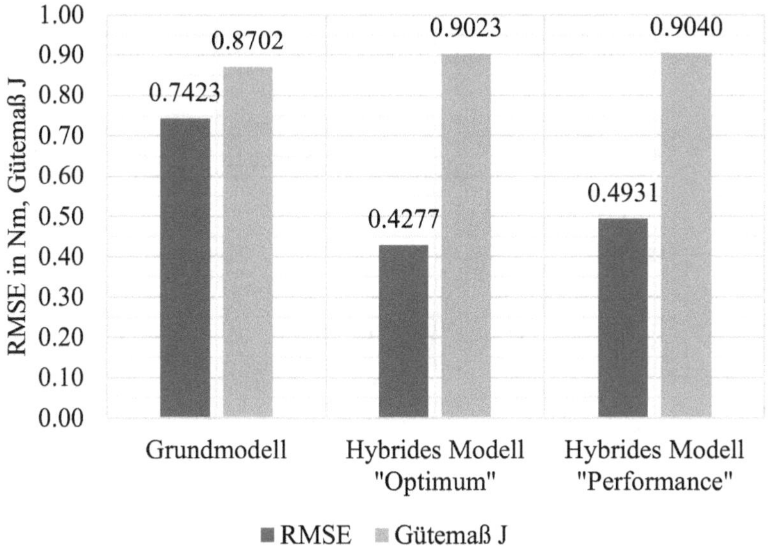

Abbildung 5.2: RMSE und Güte der hybriden Lenkungsmodelle für den Robustheitsdatensatz

In Abbildung 5.3 ist ein Ausschnitt für den Robustheitstest der drei Lenkungsmodelle sowie die Referenz aufgezeigt. Ersichtlich ist die bessere Generalisierung des “Performance“-Lenkungsmodells, wobei die “Optimum“-Variante bezüglich der Referenz für den direkten On-Center-Bereich die präziseren Resultate liefert. Beide hybriden Lenkungsmodell-Varianten sind in der Lage für einen Testdatensatz, der von den Eigenschaften außerhalb des Trainingsdatensatzes liegt, das berechnete Lenkradmoment des Lenkungs-Grundmodells in Richtung der Referenz zu skalieren, zu adaptieren als auch zu glätten und so den gesamten Fehler auf circa 40% zu reduzieren.

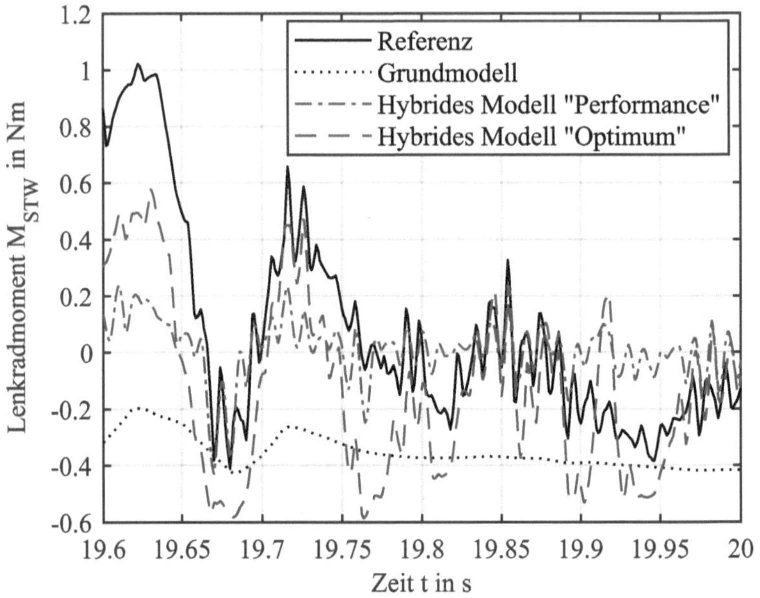

Abbildung 5.3: Ausschnitt der resultierenden Lenkradmomente für die verschiedenen hybriden Lenkungsmodelle und der Referenz-Messung des Robustheitsdatensatzes

5.1.3 Fahrbahnanregung

Die Darstellung der Fahrzeug- und Lenkradschwingungen erfolgt nach Abschnitt 3.2.4 über Schwingungsanreger im Fahrsimulator. Um zu zeigen, dass das hybride Modell bei geeignetem Force-Feedback-System Lenkradschwingungen robust darstellen kann, erfolgt eine Weganregung der Zahnstange im Lenkungs-Grundmodell. Diese ist durch Sinusfunktionen mit Frequenzen nach Tabelle 3.1 und maximalen Interferenzamplituden von 0,02 mm, 0,2 mm und 2 mm definiert. Als Messfahrt wird der Testdatensatz #3 verwendet. Abbildung 5.4 zeigt einen Ausschnitt der Messfahrt für die drei unterschiedlichen Weganregungen und Modelle. Bei 0,2 mm ist die Systemstabilität und die Adaptionsfähigkeit des hybriden Ansatzes visuell ersichtlich. Die Lenkungsmodelle zeigen bei Worst-Case-Auslenkungen von 2 mm und einer maximalen Anregungsfrequenz von 250 Hz, außer der erzwungenen Fahrbahnanregung, keine Anomalien auf.

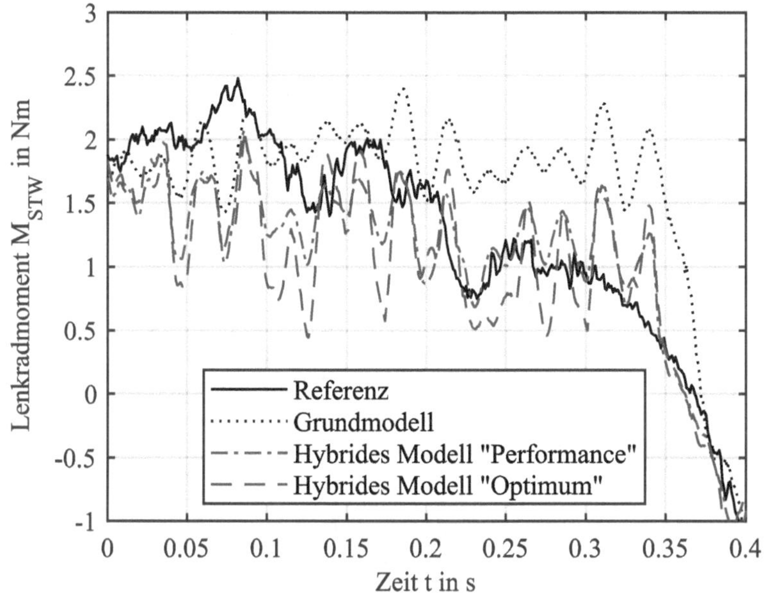

Abbildung 5.4: Modellausgänge für eine Weganregung von 0,2 mm im Grundmodell für den Testdatensatz #3

Beide hybriden Lenkungsmodell-Varianten sind für den gewählten Datensatz hinsichtlich äußerer Einflüsse robust und können über den Zahnstangenweg zur Closed-Loop-Konfiguration erweitert werden. Da die Closed-Loop-Erweiterung über die Zahnstangenkraft erfolgt, werden dieselben Schwingungsanregungen als Kraftanregungen mit 20 N, 200 N und 2000 N im Lenkungs-Grundmodell implementiert. Die Ergebnisse für eine Weganregung von 20 N mit den Frequenzen aus Tabelle 3.1 sind in Abbildung 5.5 dargestellt.

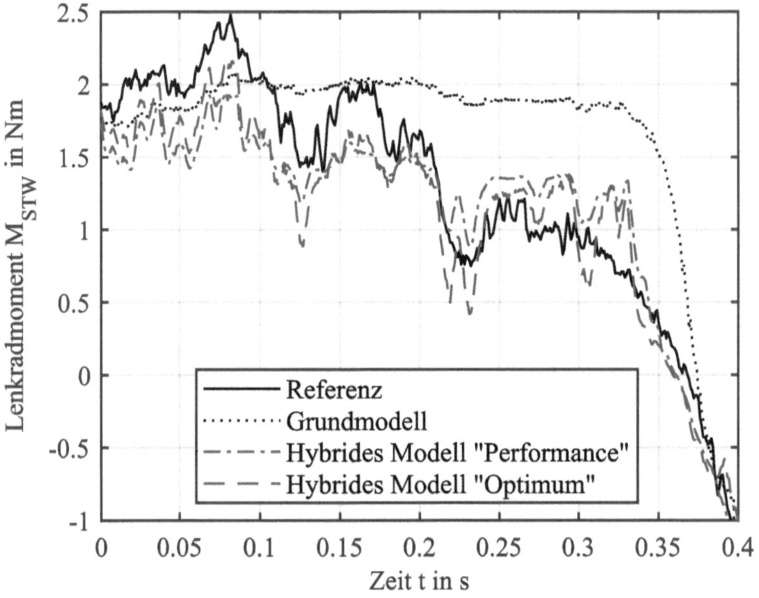

Abbildung 5.5: Ausgangs-Lenkmomente der Lenkungsmodelle für eine Kraftanregung von 20 N im Lenkungs-Grundmodell für den Testdatensatz #3

Die Werte der Gütefunktion für Kraft- und Weganregung für den Testdatensatz #3 sind in Tabelle 5.3 aufgeführt. Ersichtlich ist, dass für Weganregungen von 2 mm bzw. Kraftanregungen von 2000 N alle generischen Lenkmomente der Lenkungsmodelle vom Sollmoment abweichen, wobei die betragsmäßig darunterliegenden Kraft- und Weganregungen von den Lenkungsmodellen gedämpft werden. Die Gütewertänderung bleibt unter 1 %. Die aufgeführten hybriden Ansätze können somit ein Rückmeldeverhalten und Nutzinformationen robust über das physikalische Lenkungs-Grundmodell berücksichtigen und eine Immersionssteigerung sowie eine Optimierung des Lenkgefühls (vgl. Kapitel 2.3) in Fahrsimulatoren erzielen. Wie im vorherigen Abschnitt gezeigt liefert die "Performance"-Variante ein robusteres, unanfälligeres und damit allgemeingültigeres Lenkrad-Drehmoment, weshalb dieses für die Abschlussstudie in Kapitel 5.2 als geeignet eingestuft und verwendet wird.

Tabelle 5.3: Werte der Gütefunktion für Kraft- und Weganregung auf Zahnstangenebene im Grundmodell für Testdatensatz #3

Anregungsart auf Zahnstangenebene im Lenkungs-Grundmodell	Gütewert der Lenkungsmodelle		
	Grundmodell	"Optimum"	"Performance"
Referenz, "0 mm", "0 N"	0,8180	0,9309	0,9247
Weganregung 0,02 mm	0,8180	0,9291	0,9244
Weganregung 0,2 mm	0,8141	0,9161	0,9176
Weganregung 2 mm	0,6311	0,7661	0,8103
Kraftanregung 20 N	0,8181	0,9297	0,9242
Kraftanregung 200 N	0,8175	0,9229	0,9221
Kraftanregung 2000 N	0,7474	0,8258	0,8540

5.2 Probandenstudie am Stuttgarter Fahrsimulator

Für die Verifizierung und Validierung des entwickelten hybriden Lenkungsmodells wird die Probandenstudie, gemäß Kapitel 3.1.2, am Stuttgarter Fahrsimulator und einem Fahrzeug-Mockup mit Force-Feedback-System durchgeführt. Das Probandenkollektiv umfasst gegenüber der Vorstudie aus Kapitel 3.1.3 insgesamt 20 reliable Fahrten von versierten Normalfahrern aus dem Kollegium des FKFS. Als Lenkungsmodell wird das hybride Softwaremodell "Performance" verwendet. Ziel ist die Bewertung des Lenkungsgefühls sowie eine Identifikation des Fahrzeugverhaltens passend zum verwendeten virtuellen Fahrzeugmodell der mittleren Kompaktklasse anhand des entwickelten subjektiven Bewertungsbogens aus Abbildung A.2. Die Dauer der Probandenversuche von Beginn der Studie bis zur vollständigen Bewertung des Fragebogens reicht von 13 bis 41 Minuten. Während der Durchführung gab es keine Versuchsabbrüche oder technischen Defekte. Als objektive Messgrößen werden vor allem die Querbeschleunigung des Fahrzeugmodells sowie Lenkwinkel aufgezeichnet. Das Lenkmoment kann anschließend aus der Offline-Simulation entnommen werden. Die mittlere Querbeschleunigungen während der

Versuchsfahrten betragen $\bar{a}_y = 0{,}5\, m/s^2$ bei mittleren Lenkwinkeln von $\bar{\delta}_{STW} \approx 4{,}6°$. Die Mittelwerte der maximalen Lenkmomente erreichen $M_{STW} = 2{,}6\, Nm$ und liegt damit für den On-Center Bereich in einem Wertebereich für optimales Lenkverhalten [32]. Die Ergebnisse der abschließenden Probandenstudie sind in Abbildung 5.6 als Boxplot mit Mittelwert, Median, 50 %-Quartil sowie Maxima und Minima dargestellt.

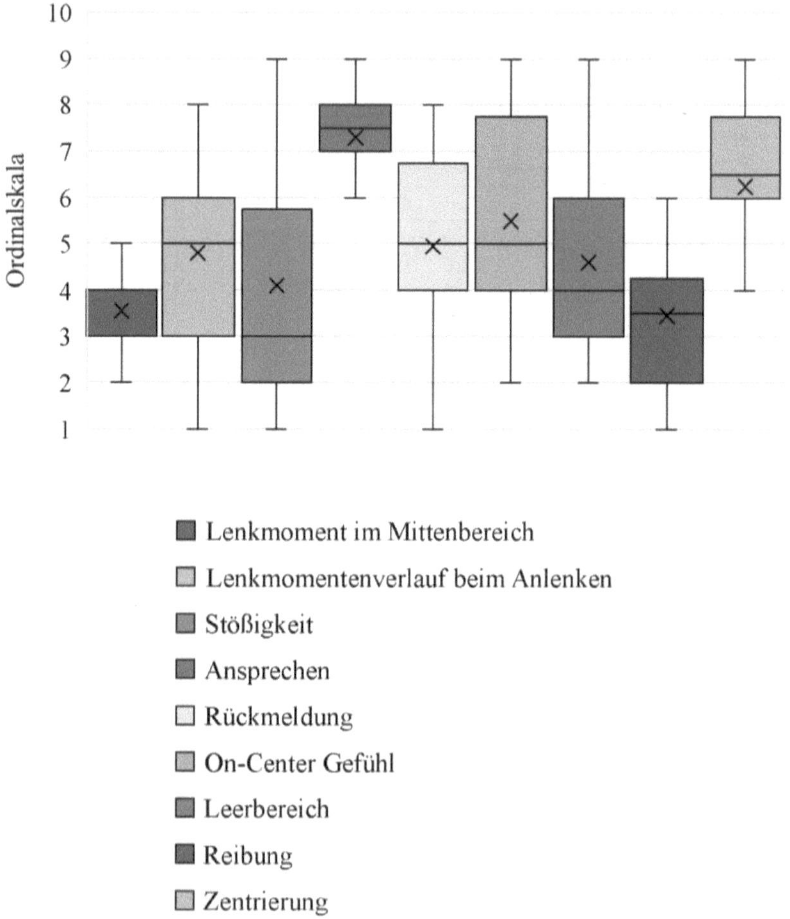

Abbildung 5.6: Auswertung des Fragebogens der Validierungsstudie mit Force-Feedback-System und dem entwickelten hybriden Lenkungsmodell am Stuttgarter Fahrsimulator

Da es sich um ein anderes Fahrzeug-Mockup mit anderem Lenksystem gegenüber der Vorstudie handelt, können nur das Fahrzeug-Ansprechverhalten, die Rückmeldung sowie Stößigkeit verglichen werden. Aufgrund des identischen virtuellen Fahrdynamikmodells wird das Fahrzeugverhalten, vergleichbar zu der Vorstudie, als schnell ansprechendes Kompaktklasse-Fahrzeug eingestuft. Gegenüber dem Hardware-in-the-Loop-Aufbau sind Rückmeldeverhalten sowie Stößigkeit, aufgrund reiner Softwaremodellierung und verbauten Körperschallanregern, realitätsnah vorhanden. Lenkradmoment und Verlauf des Lenkradmoments als auch Reibung und Leerbereich sind ebenfalls vom Niveau der Kompaktklasse zugeordnet, wobei das Lenkradmoment als etwas zu gering bewertet wird. Das On-Center-Lenkgefühl zeigt trotz der großen Varianz einen typischen Mittelwert auf. Es ist ersichtlich, dass die subjektive Bewertung von Stößigkeit und Lenkgefühl im On-Center-Bereich für die Probanden eine Schwierigkeit und eine persönliche Vorliebe darstellt, wobei die Bewertung von On-Center-Gefühl und gefahrener Querbeschleunigung korrelieren, so dass ein gutes Mittengefühl mit Querbeschleunigungen bis zu $1\ m/s^2$ und damit verbunden geringen Lenkwinkeln einhergeht.

Abbildung 5.7 zeigt einen Ausschnitt der aufgezeichneten Querbeschleunigung während der Abschlussstudie für die Probanden P02 und P08. Während sich Proband P02 komplett innerhalb des On-Center-Bereichs aufhält und das On-Center-Gefühl als "ziemlich gut" bewertet, erreicht der Proband P08 Querbeschleunigungen außerhalb des On-Center-Bereichs, so dass dieses als "ziemlich schlecht" bewertet wird. Dies beweist eine Eignung und Verwendung des hybriden Open-Loop-Lenkungsmodells ausschließlich für den Mittenbereich bis $a_y \approx 1 m/s^2$, gemäß Kapitel 2.3.1.

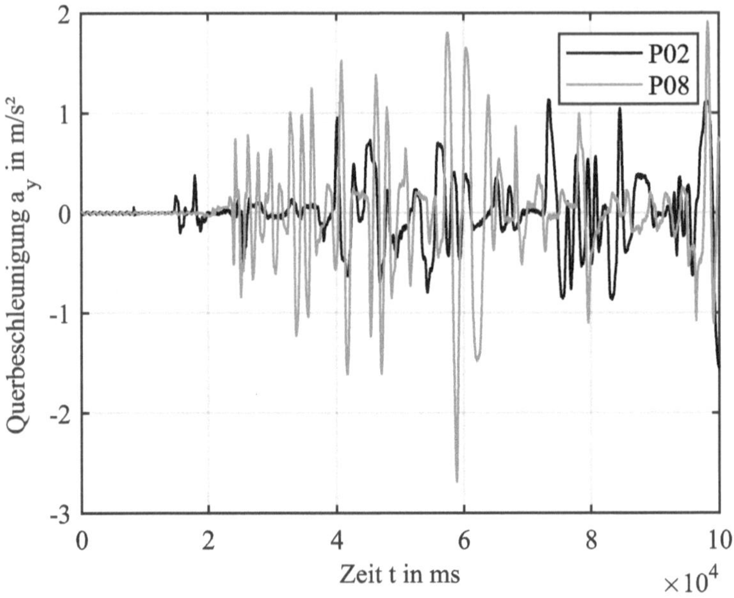

Abbildung 5.7: Ausschnitt der gefahrenen Querbeschleunigungen von zwei Probanden während der Abschlussstudie für ein „ziemlich gut“ (P02) und ein „ziemlich schlecht“ bewertetes (P08) On-Center-Gefühl

Die Messdatenaufzeichnung der Querbeschleunigung erlaubt zudem eine Klassifizierung der Probanden in den On- und Off-Center-Bereich. Das Probandenkollektiv aus Kapitel 3.1.2 teilt sich damit in neun On-Center-Probanden und 11 Off-Center-Probanden auf. Die Entwicklung der Mittelwerte zeigt Abbildung 5.8 anhand der Änderungen signifikanter subjektiver Bewertungen des Lenkgefühls mit Hilfe der Klassifizierung von On- und Off-Center-Bereich. Ersichtlich ist die Abnahme von Fahrzeug-Ansprechverhaltens aufgrund der sinkenten Darstellungstreue des Bewegungssystems als auch des fehlenden Reifenverhaltens. Der Lenkmomentengradient als auch das Lenkgefühl nimmt, wie mit Abbildung 5.7 bereits angenommen, bei zunehmender Querbeschleunigung ab. Rückmeldeverhalten und Reibkraftniveau werden höher eingestuft aufgrund eines gleitenden Übergangs des Lenkmoments in den klassifizierten Bereichen.

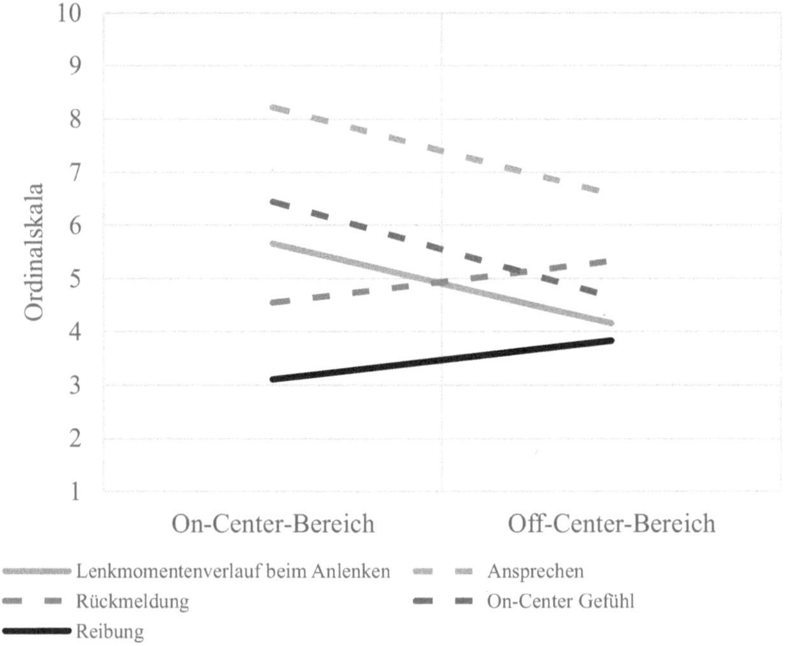

Abbildung 5.8: Klassifizierung in On- und Off-Center Bereiche für die subjektiven Bewertungen der Probanden während der Abschlussstudie

Die Vergleiche aus Vor- und Abschlussstudie mit dem Hardware-in-the-Loop- und dem Force-Feedback-Systemaufbau, ersichtlich im Anhang 1A.4, zeigen, dass durch die Verwendung realer Messdaten und der Schwingungsanreger ein präziseres Rückmeldeverhalten gegenüber der Hardware-in-the-Loop-Lenkanlage vorhanden ist. In Tabelle 5.4 sind die Werteänderungen zwischen den Bewertungen aus der Abschlussstudie mit dem zum hybriden "Performance"-Lenkungsmodell gehörenden Kompaktklassefahrzeug und der (HiL-)Sportwagenlenkung aus der Vorstudie aufgezeigt. Trotz identischem virtuellen Fahrzeugmodell der Fahrdynamiksoftware wird das Ansprechverhalten bei gesunkener Varianz höher bewertet, durch das zum Fahrzeugmodell passendere Lenkmoment. Aufgrund des allgemein niedrigeren Niveaus von Lenkmoment und Lenkmomentgradienten erfolgt der Übergang zwischen Leerbereich und Rückstellkraft kontinuierlich. Das hybride Open-Loop-Lenkungsmodell, mit dem Zusatz der Frequenzabdeckung durch Schwingungsanregung am

Lenkrad, eignet sich ebenfalls zur Steigerung der Immersion in statischen Fahrsimulatoren ohne Bewegungssystem.

Tabelle 5.4: Ergebnisvergleich von Force-Feedback-System und Hardware-in-the-Loop-Lenksystem am Stuttgarter Fahrsimulator für ein Kompaktklassefahrzeug

Eigenschaft	Änderung FFS-HiL
Lenkmoment	−3.2
Lenkmomentgradienten	−2,4
Stößigkeit	+0,9
Ansprechen	$+1{,}2, \sigma^2 \downarrow$
Rückmeldung	$+0{,}2, \sigma^2 \downarrow$
On-Center Gefühl	$-1{,}4, \sigma^2 \uparrow$
Leerbereich	$+0{,}5, \sigma^2 \uparrow$
Reibung	−1,6
Zentrierung	−2,3

6 Schlussfolgerung und Ausblick

Im Rahmen der vorliegenden Arbeit wird eine Methode zur Optimierung des haptischen Lenkgefühls mit der Kombination aus physikalischem Softwaremodell der Lenkung und neuronalen Netzwerken für die Anwendung in Fahrsimulatoren mit Force-Feedback-System vorgestellt. Basierend auf Messdaten eines Fahrzeuges der mittleren Kompaktklasse wird ein vereinfachtes physikalisches Lenkungsmodell mit erweitertem dynamischen Lund-Grenoble-Reibmodell entwickelt. Ausgehend von diesem werden mehrere neuronale Netzwerkkonfigurationen untersucht und verglichen. Das Ziel der Kombination ist die Entwicklung eines hybriden Lenkungsmodells, das ein realistisches, latenzfreies und robustes Lenkradmoment entsprechend den Messungen generiert. Für die Optimierung der Netzwerk-Hyperparameter kommt die Bayes'sche Parameteroptimierung zum Einsatz. Die Untersuchungen beziehen sich vorranging auf den für das Lenkgefühl relevanten On-Center-Bereich und des damit verbundenen geringen Lenkwinkels. Das physikalische Lenkungs-Grundmodell ermöglicht die Schnittstelle für die Erweiterung mit virtuellen fahrdynamischen Größen, wie der virtuellen Zahnstangenkraft. Dadurch können Grenzbereiche, Reifenverhalten als auch unterschiedliche Beschaffenheiten der Fahrbahn aus den Daten der Fahrsimulation berücksichtigt werden. Der Einsatz des finalen echtzeitfähigen hybriden Lenkungsmodells ist die generische Lenkmomentenerzeugung in Fahrsimulatoren mit Force-Feedback-System, wie im Fahrzeug-Mockup des Stuttgarter Fahrsimulators. Das implementierte hybride Open-Loop-Lenkungsmodell besteht aus einem vereinfachten physikalisch basierten Lenkungs-Grundmodell erweitert mit drei neuronalen Netzwerk-Stufen für eine Skalierung, eine Adaption und eine Glättung des kalkulierten Lenkmoments. Es genügt dem Trade-off eine maximale Güte bei minimaler Rechenzeit zu erzielen. Neben der entwickelten Gütefunktion zur simulativen Lenkungsmodell-Evaluierung wird abschließend eine subjektive Probandenstudie mit dem implementierten Lenkungsmodell am Stuttgarter Fahrsimulator mit einer Abtastfrequenz von 4 kHz durchgeführt. Zusammen mit dem zum Realfahrzeug passend parametrierten virtuellen Fahrdynamikmodell wird die Lenkung mit Hilfe eines erstellten Bewertungs-Fragebogens zum haptischem Lenkgefühl bewertet. Eine zuvor durchgeführte Probanden-Vorstudie mit demselben Fahrdynamikmodell in einem Mockup

A. Dieing, *Optimierung und Applikation des Lenkungs-Feedbacks in der Fahrsimulation unter Anwendung von künstlicher Intelligenz*, Wissenschaftliche Reihe Fahrzeugtechnik Universität Stuttgart, https://doi.org/10.1007/978-3-658-50559-2_6

mit Hardware-in-the-Loop-Lenksystem am Stuttgarter Fahrsimulator wird zur Eignung des Fragebogens und zum Vergleich herangezogen. Die Ergebnisse zeigen, dass trotz unterschiedlicher Lenksysteme das Lenkmoment eindeutig sowie das zugrunde liegende Fahrzeugmodell erkannt wird. Eine Verbesserung des Lenkgefühls wird durch ein eindeutigeres Rückmeldeverhalten, mit Hilfe der Frequenzabdeckung von Fahrbahninformationen über die verbauten Körperschallanreger an Sitz und Lenkrad, sowie künstliche neuronale Netze im hybriden Lenkungsmodell erzielt. Die Bewertung des On-Center-Gefühls fällt kompaktklassetypisch in die mittlere Bewertungsskala. Das entwickelte hybride Softwaremodell der Lenkung zeigt Potenzial für hybride Modellierungsansätze, die physikalisch motivierte Modelle mit künstlicher Intelligenz in Form von neuronalen Netzen verknüpfen. Die Verwendung von Körperschallanregern in Kombination mit hybrider Lenkungsmodellierung kann dadurch auch das Lenkgefühl und die Immersion in statischen Fahrsimulatoren optimieren. In Zukunft sind weitere Untersuchungen der Off-Center-Bereiche durch die Erweiterung von externen Größen im physikalischen Lenkungs-Grundmodell angedacht, so dass beispielsweise Rauschteppiche, Fahrbahnanregungen und Reifenverhalten implementierbar sind. Der Ansatz einer hybriden Modellierung kann zukünftig auch auf weitere Fahrzeugkomponenten bis hin zur vollständigen Modellierung des Gesamtfahrzeugs und autonomen Systemen angewendet werden. Diese Modellierungsmethode hat das Potenzial, die Entwicklung von Fahrsimulatoren und autonomen Fahrsystemen weiterführend zu optimieren.

Literaturverzeichnis

[1] *Bestand.* URL https://www.kba.de/DE/Statistik/Fahrzeuge/Bestand/bestand_node.html. – Aktualisierungsdatum: 2024-04-22 – Überprüfungsdatum 2024-04-22

[2] *Pressemitteilungen - Fahrzeugzulassungen im Dezember 2023 - Jahresbilanz.* URL https://www.kba.de/DE/Presse/Pressemitteilungen/Fahrzeugzulassungen/2024/pm01_2024_n_12_23_pm_komplett.html. – Aktualisierungsdatum: 2024-04-22 – Überprüfungsdatum 2024-04-22

[3] PISCHINGER, Stefan (Hrsg.); SEIFFERT, Ulrich (Hrsg.): *Vieweg Handbuch Kraftfahrzeugtechnik.* 9., erweiterte und ergänzte Auflage. Wiesbaden : Springer Vieweg, 2021 (Springer eBook Collection)

[4] KEHRER, Martin: *Driver-in-the-loop Framework zur optimierten Durchführung virtueller Testfahrten am Stuttgarter Fahrsimulator.* 1st ed. 2024. Wiesbaden : Springer Fachmedien Wiesbaden; Imprint Springer Vieweg, 2024 (Wissenschaftliche Reihe Fahrzeugtechnik Universität Stuttgart)

[5] SCHMIDT, Gerrit: *Haptische Signale in der Lenkung: Controllability zusätzlicher Lenkmomente.* Universitätsbibliothek Braunschweig. 2009

[6] SENSODRIVE GMBH: *SENSODRIVE GmbH - Robotic und Force-Feedback.* URL https://www.sensodrive.de/produkte-leistungen/senso-wheel-sd-lc.php. – Aktualisierungsdatum: 2024-04-19 – Überprüfungsdatum 2024-04-19

[7] HOLLAND, Heinrich: *Grundlagen der Statistik : Datenerfassung und -darstellung, Maßzahlen, Indexzahlen, Zeitreihenanalyse.* 8., aktualisierte Auflage. Wiesbaden : Gabler, 2010 (Springer eBook Collection Business and Economics)

A. Dieing, *Optimierung und Applikation des Lenkungs-Feedbacks in der Fahrsimulation unter Anwendung von künstlicher Intelligenz*, Wissenschaftliche Reihe Fahrzeugtechnik Universität Stuttgart, https://doi.org/10.1007/978-3-658-50559-2

[8] KOHN, Wolfgang (Hrsg.); ÖZTÜRK, Riza (Hrsg.): *Statistik für Ökonomen : Datenanalyse mit R und SPSS*. 3. Aufl. 2017. Berlin, Heidelberg : Springer Berlin Heidelberg, 2016 (Springer-Lehrbuch)

[9] PROF. DR. UDO KAMPS: *Definition: Normalverteilung*. In: *Springer Fachmedien Wiesbaden GmbH* (2018-02-16)

[10] *Korrelation*. URL https://www.jmp.com/de_de/statistics-knowledge-portal/what-is-correlation.html. – Aktualisierungsdatum: 2024-10-18 – Überprüfungsdatum 2024-10-18

[11] SIEBERTZ, Karl ; VAN BEBBER, David ; HOCHKIRCHEN, Thomas: *Statistische Versuchsplanung : Design of Experiments (DoE)*. 2. Auflage. Berlin, Heidelberg : Springer Vieweg, 2017 (VDI-Buch)

[12] *Korrelation nach Bravais-Pearson
 | Methodenberatung | UZH*. URL https://www.methodenberatung.uzh.ch/de/datenanalyse_spss/zusammenhaenge/korrelation.html. – Aktualisierungsdatum: 2024-10-18 – Überprüfungsdatum 2024-10-18

[13] *Wurzel des mittleren quadratischen Fehlers (RMSE) | SAP Help Portal*. URL https://help.sap.com/docs/SAP_PREDICTIVE_ANALYTICS/41d1a6d4e7574e32b815f1cc87c00f42/5e5198fd4afe4ae5b48fefe0d3161810.html. – Aktualisierungsdatum: 2024-05-06 – Überprüfungsdatum 2024-05-07

[14] MITTAG, Hans-Joachim: Das lineare Regressionsmodell. In: *Statistik: Eine Einführung mit interaktiven Elementen*. Berlin, Heidelberg : Springer Berlin Heidelberg, 2016, S. 245–264

[15] NASH, J. E. ; SUTCLIFFE, J. V.: *River flow forecasting through conceptual models part I — A discussion of principles* (1970)

[16] STEMMER, Martin: *Energetische und funktionale Vernetzung von aktiven Lenksystemen*. 1st ed. Göttingen : Cuvillier Verlag, 2013 (Audi Dissertationsreihe v.77)

[17] *Butterworth-Filters*. URL https://tttapa.github.io/Pages/Mathematics/Systems-and-Control-Theory/Analog-Filters/Butterworth-Filters.pdf – Überprüfungsdatum 2024-03-21

[18] *Zero-phase digital filtering - MATLAB filtfilt - MathWorks Deutschland.* 14.03.2024. URL https://de.mathworks.com/help/signal/ref/filtfilt.html

[19] JMAIER: *Microsoft PowerPoint - Wavelet-Transformation.ppt.* URL http://dodo.fb06.fh-muenchen.de/maier/Wavelet-Transformation.pdf – Überprüfungsdatum 2024-03-22

[20] STANKOVIC, Radomir ; FALKOWSKI, Bogdan: *The Haar wavelet transform: Its status and achievements.* In: *Computers & Electrical Engineering - CEE* 29 (2003), S. 25–44

[21] HALIDOU, Aminou ; MOHAMADOU, Youssoufa ; ARI, Ado Adamou Abba ; ZACKO, Edinio Jocelyn Gbadoubissa: *Review of wavelet denoising algorithms.* In: *Multimedia Tools and Applications* 82 (2023), Nr. 27, S. 41539–41569

[22] DONOHO, David L. ; JOHNSTONE, Iain M.: *Adapting to Unknown Smoothness via Wavelet Shrinkage.* In: *Journal of the American Statistical Association* 90 (1995), Nr. 432, S. 1200–1224

[23] *wdenoise - Wavelet signal denoising - MATLAB.* URL https://www.mathworks.com/help/wavelet/ref/wdenoise.html. – Aktualisierungsdatum: 2024-10-28 – Überprüfungsdatum 2024-10-28

[24] DIXIT, Arun ; SHARMA, Poonam: *A Comparative Study of Wavelet Thresholding for Image Denoising.* In: *International Journal of Image, Graphics and Signal Processing* 6 (2014), S. 39–46

[25] JOHNSTONE, Iain M. ; SILVERMAN, Bernard W.: *Needles and straw in haystacks: Empirical Bayes estimates of possibly sparse sequences.* In: *The Annals of Statistics* 32 (2004), Nr. 4

[26] AGGARWAL, Rajeev ; KARAN SINGH, Jai ; KUMAR GUPTA, Vijay ; RATHORE, Sanjay ; TIWARI, Mukesh ; KHARE, Anubhuti: *Noise Reduction of Speech Signal using Wavelet Transform with Modified Universal Threshold.* In: *International Journal of Computer Applications* 20 (2011), Nr. 5, S. 14–19

[27] *polikar_wavelets.* URL https://cseweb.ucsd.edu/~baden/Doc/wavelets/polikar_wavelets.pdf – Überprüfungsdatum 2024-03-20

[28] C. POLAT ; MEHMET SIRAÇ ÖZERDEM: *Introduction to Wavelets and their applications in signal denoising*. In: *Bitlis Eren University Journal of Science and Technology* (2018). URL https://api.semanticscholar.org/CorpusID:64676223

[29] *Wavelet Denoising - MATLAB & Simulink - MathWorks Deutschland*. URL https://de.mathworks.com/help/wavelet/ug/wavelet-denoising.html. – Aktualisierungsdatum: 2024-03-20 – Überprüfungsdatum 2024-03-20

[30] REY-MARTINEZ, Jorge: *Validity of wavelet transforms for analysis of video head impulse test (vHIT) results*. In: *European archives of oto-rhino-laryngology : official journal of the European Federation of Oto-Rhino-Laryngological Societies (EUFOS) : affiliated with the German Society for Oto-Rhino-Laryngology - Head and Neck Surgery* 274 (2017), Nr. 12, S. 4241–4249

[31] *Regulation No 79 of the Economic Commission for Europe of the United Nations (UN/ECE) — Uniform provisions concerning the approval of vehicles with regard to steering equipment [2018/1947]*, 2018

[32] PFEFFER, Peter: *Lenkungshandbuch* : *Lenksysteme, Lenkgefühl, Fahrdynamik von Kraftfahrzeugen*. 2., überarb. u. erg. Aufl. 2013. HARRER, Manfred (Hrsg.). Wiesbaden, s.l. : Springer Fachmedien Wiesbaden, 2013

[33] WINNER, Hermann: *Handbuch Fahrerassistenzsysteme* : *Grundlagen, Komponenten und Systeme für aktive Sicherheit und Komfort*. 2., korrigierte Auflage. Wiesbaden : Vieweg+Teubner Verlag, 2012 (SpringerLink Bücher)

[34] HARRER, M.: *Characterisation of Steering Feel* : University of Bath, 2007

[35] DUDITZA, Florea: *Kardangelenkgetriebe und ihre Anwendungen*. Düsseldorf : VDI-Verl., 1973

[36] KÖLLNER, Christiane: *Wie weit ist Steer-by-Wire?* In: *springerprofessional.de* (2023-10-13)

[37] SCHÄFER, Johannes ; LEIDHOLD, Roberto: *Steer-by-Wire: Eine analytische Beurteilung von unterschiedlichen Zahnstangenkraftschätzungen im Fahrzeug*. In: *at - Automatisierungstechnik* 69 (2021), Nr. 1, S. 65–72

[38] USHAKOV, Evgenii: *Toyota führt nächstes Jahr die Steer-by-Wire-Technologie ein*. In: *Autoua.net* (2023-11-02)

[39] PFEFFER, Peter: *12th International Munich Chassis Symposium 2021 : Chassis. tech Plus*. 1st ed. Berlin, Heidelberg : Springer Berlin / Heidelberg, 2022 (Proceedings Series)

[40] DONATH, Andreas: *Elektroauto: Lexus RZ 450e bekommt Yoke-Lenkrad wie Teslas Model S - Golem.de*. In: *Golem.de* (2022-04-20)

[41] ISO 13674-1. 2023-11. *Road vehicles - Test method for the quantification of on-centre handling*

[42] JAKSCH, F. O.: *Vehicle parameter influence on steering control characteristics*. 1983 - 0300

[43] BUSCHARDT, B.: *Synthetische Lenkmomente* : VDI-Verlag, 2003 (Fortschritt-Berichte VDI / 22: Mensch-Maschine-Systeme)

[44] WOLF, Hagen: *Ergonomische Untersuchung des Lenkgefühls an Personenkraftwagen*. Technische Universität München. 2009. URL https://mediatum.ub.tum.de/737370

[45] FIALA, E.: *Die Wechselwirung zwischen Fahrzeug und Fahrer*. In: *Automobiltechnische Zeitschrift* 69 (Oktober 1967), Nr. 10, S. 345–348

[46] WAGNER, Andreas ; WIEDEMANN, Jochen ; NEUBECK, Jens: *Der Fahrer als Sensor für die Bewertung des Seitenwindverhaltens*. In: *ATZ - Automobiltechnische Zeitschrift* 104 (2002), Nr. 4, S. 372–379

[47] ECKSTEIN, Lutz: *Entwicklung und Überprüfung eines Bedienkonzepts und von Algorithmen zum Fahren eines Kraftfahrzeugs mit aktiven Sidesticks*. Zugl.: Stuttgart, Univ., Diss., 2000 (Nicht für den Austausch). Als Ms. gedr. Düsseldorf : VDI Verl., 2001 (Fortschritt-Berichte VDI Reihe 12, Verfahrenstechnik, Fahrzeugtechnik 471)

[48] HAGENDORF, Herbert ; KRUMMENACHER, Joseph ; MÜLLER, Hermann-Joseph ; SCHUBERT, Torsten: *Allgemeine Psychologie für Bachelor: Wahrnehmung und Aufmerksamkeit. (Lehrbuch mit Online-Materialien)*. Berlin, Heidelberg : Springer Berlin Heidelberg, 2011

[49] GIACOMIN, Joseph ; SHAYAA, M. S. ; DORMEGNIE, E. ; RICHARD, L.: *Frequency weighting for the evaluation of steering wheel rotational vibration*. In: *International Journal of Industrial Ergonomics* 33 (2004), S. 527–541

[50] *mechanorezeptoren-der-haut.jpg (JPEG-Grafik, 673 × 580 Pixel)*. – Aktualisierungsdatum: 2018-01-11 – Überprüfungsdatum 2024-04-05

[51] SCHMIDT, Robert F. (Hrsg.): *Neuro- und Sinnesphysiologie*. Dritte, korrigierte Auflage. Berlin, Heidelberg, s.l. : Springer Berlin Heidelberg, 1998 (Springer-Lehrbuch)

[52] ZELLER, Peter: *Handbuch Fahrzeugakustik : Grundlagen, Auslegung, Berechnung, Versuch*. Wiesbaden : Vieweg+Teubner, 2009 (SpringerLink Bücher)

[53] ISO 13674-2. 2016-04-01. *Road vehicles - Test method for the quantification of on-centre handling*

[54] ISO 7401. 2011-04-15. *Road vehicles - Lateral transient response test methosd*

[55] HEIẞING, Bernd; ERSOY, Metin (Mitarb.); GIES, Stefan (Mitarb.) : *Fahrwerkhandbuch : Grundlagen · Fahrdynamik · Komponenten · Systeme · Mechatronik · Perspektiven*. 4th ed. Wiesbaden : Springer Fachmedien Wiesbaden GmbH, 2013 (ATZ/MTZ-Fachbuch Ser)

[56] *DIN ISO 8855:2013-11, Straßenfahrzeuge_- Fahrzeugdynamik und Fahrverhalten_- Begriffe (ISO_8855:2011)*

[57] KIM, J.: *Objectification of on-center handling characteristics based on spring-mass-damper system*. In: *International Journal of Automotive Technology* 12 (2011), Nr. 6, S. 857–864

[58] *FKFS: Research in Motion: Stuttgarter Fahrsimulator.* URL https://www.fkfs.de/pruefeinrichtungen/fahrsimulatoren/stuttgarter-fahrsimulator. – Aktualisierungsdatum: 2024-03-11 – Überprüfungsdatum 2024-03-11

[59] BAUMANN, Gerd: Evaluation of steering feel and vehicle handling in the Stuttgart Driving Simulator (Bewertung von Lenkgefühl und Fahrverhalten im Stuttgarter Fahrsimulator). In: PFEFFER, Peter (Hrsg.): *5th International Munich Chassis Symposium 2014 : Chassis.tech plus ; [24 and 25 June 2014 ; proceedings.* Wiesbaden : Springer Vieweg, 2014 (Proceedings), S. 201–215

[60] HIESGEN, Gregor: *Effiziente Entwicklung eines menschenzentrierten Querführungsassistenzsystems mit einem Fahrsimulator.* Duisburg, Essen. 2011. URL https://duepublico.uni-due.de/servlets/DocumentServlet?id=27272

[61] MDYNAMIX: *MXsteerHiL - Lenkungsprüfstand | für realistisches Lenkgefühl.* URL https://mdynamix.de/mxsteerhil-lenkungspruefstand/. – Aktualisierungsdatum: 2024-04-03 – Überprüfungsdatum 2024-04-19

[62] WÜSTUM, Eva: *Integration einer Fahrzeugkarosserie auf dem aVDS Fahrsimulator.* In: *MdynamiX AG* (2020-10-07)

[63] SCHRÖDER, Dierk (Hrsg.); BÖCKER, Joachim (Hrsg.): *Elektrische Antriebe – Regelung von Antriebssystemen.* 5. Aufl. 2021, neu bearb. Berlin, Heidelberg : Springer Berlin Heidelberg, 2021

[64] PFEFFER, P. E. ; HARRER, M. ; JOHNSTON, D. N.: *Interaction of vehicle and steering system regarding on-centre handling.* In: *Vehicle System Dynamics* 46 (2008), Nr. 5, S. 413–428

[65] PFEFFER, P. E. (Hrsg.); HARRER, M. (Hrsg.); JOHNSTON, D. N. (Hrsg.): *Modelling of a Hydraulic Steering System*, 2006

[66] KLOOS, T. ; PFEFFER, Peter: Steering system models – an efficient approach for parameter identification and steering system optimization. In: , 2017, S. 535–551

[67] CESARE CERTOSINI ; FRANCESCO VINATTIERI ; RENZO CAPITANI ; CLAUDIO ANNICCHIARICO: *Development of a real-time steering system model for driving simulators.* In: *Proceedings of the Institution of Mechanical Engineers, Part D: Journal of Automobile Engineering* 233 (2019), Nr. 11, S. 2701–2713

[68] OLSSON, Henrik: *Control Systems with Friction.* Department of Automatic Control, Lund Institute of Technology (LTH). Doctoral Thesis (monograph)

[69] KRÄMER, Andreas ; KEMPKES, Joachim: *Modellierung und Simulation von nichtlinearen Reibungseffekten bei der Lageregelung von Servomotoren.* In: *FHWS Science Journal* 1 (2014), Nr. 2, S. 47–57. URL https://opus4.kobv.de/opus4-fhws/frontdoor/index/index/docId/44

[70] *Lenksystementwicklung | IPG Automotive.* URL https://www.ipg-automotive.com/de/anwendungen/fahrdynamik/lenksystementwicklung/. – Aktualisierungsdatum: 2024-04-03 – Überprüfungsdatum 2024-04-03

[71] IPG AUTOMOTIVE GROUP (Hrsg.): *CarMaker : Reference Manual Version 11.0.1.* IPG Automotive GmbH

[72] CIANETTI, Filippo ; FABELLINI, Luca ; FORMICA, Valerio ; AMBROGI, Francesco: *Development and validation of a simplified automotive steering dynamic model.* In: *Proceedings of the Institution of Mechanical Engineers, Part D: Journal of Automobile Engineering* 235 (2021), Nr. 8, S. 2188–2199

[73] KRUPKA, Patrick ; LUKOWICZ, Paul ; KREIS, Christopher ; BOßDORF-ZIMMER, Bastian: Learned steering feel by a neural network for a steer-by-wire system. In: PFEFFER, Peter E. (Hrsg.): *10th International Munich Chassis Symposium 2019.* Wiesbaden : Springer Fachmedien Wiesbaden, 2020, S. 449–464

[74] JAYACHANDRAN, Jayachandran ; ASHOK, Denis: *Neural Network Based Approach for the Generation of Road Feel in a Steer-By-Wire System.* In: *Engineering Journal* 20 (2016), Nr. 5, S. 49–66

[75] HEINRICH, Felix ; KASTE, Jonas ; KABIL, Sevsel Gamze ; SANNE, Michael ; KÜÇÜKAY, Ferit ; HENZE, Roman ; AXMANN, Joachim: *Methods for modeling the steering wheel torque of a steer-by-wire vehicle.* In: *Automotive and Engine Technology* 7 (2022), 1-2, S. 53–64

[76] VAN ENDE, K. T. R. ; SCHAARE, D. ; KASTE, J. ; KÜÇÜKAY, F. ; HENZE, R. ; KALLMEYER, F. K.: *Practicability study on the suitability of artificial, neural networks for the approximation of unknown steering torques.* In: *Vehicle System Dynamics* 54 (2016), Nr. 10, S. 1362–1383

[77] NEUPERT, Titus ; GREPLOVA, Eliska ; FISCHER, Mark H.: *Machine Learning kompakt : Ein Einstieg für Studierende der Naturwissenschaften.* Wiesbaden : Springer Spektrum, 2020 (Essentials)

[78] HUTTER, Frank; KOTTHOFF, Lars (Mitarb.); VANSCHOREN, Joaquin (Mitarb.) : *Automated Machine Learning : Methods, Systems, Challenges.* Cham : Springer International Publishing AG, 2019 (The Springer Series on Challenges in Machine Learning Ser)

[79] BISHOP, Christopher M.: *Pattern recognition and machine learning.* New York, NY : Springer Science+Business Media LLC, 2006 (Information Science and Statistics)

[80] GIL GÓMEZ, Gaspar L. ; NYBACKA, Mikael ; DRUGGE, Lars ; BAKKER, Egbert: *Machine learning to classify and predict objective and subjective assessments of vehicle dynamics: the case of steering feel.* In: *Vehicle System Dynamics* 56 (2018), Nr. 1, S. 150–171

[81] KI TUTORIALS: *Blog - KI Tutorials.* URL https://artemoppermann.com/de/. – Aktualisierungsdatum: 2021-09-22 – Überprüfungsdatum 2024-03-20

[82] *Divide Data for Optimal Neural Network Training.* URL https://de.mathworks.com/help/deeplearning/ug/divide-data-for-optimal-neural-network-training.html. – Aktualisierungsdatum: 2025-01-08 – Überprüfungsdatum 2025-01-08

[83] BROCHU, Eric ; CORA, Vlad M. ; FREITAS, Nando de: *A Tutorial on Bayesian Optimization of Expensive Cost Functions, with Application to Active User Modeling and Hierarchical Reinforcement Learning.* 12.12.2010

[84] RASMUSSEN, Carl Edward ; WILLIAMS, Christopher K. I.: *Gaussian processes for machine learning* : MIT Press, 2006 (2)

[85] *Kernel (Covariance) Function Options.* URL https://www.mathworks.com/help/stats/kernel-covariance-function-options.html. – Aktualisierungsdatum: 2024-12-16 – Überprüfungsdatum 2024-12-16

[86] JASPER SNOEK ; HUGO LAROCHELLE ; RYAN P. ADAMS: *Practical Bayesian Optimization of Machine Learning Algorithms.* 2012

[87] BIRBAUMER, Niels-Peter ; SCHMIDT, Robert F.: *Biologische Psychologie : Mit 590 farbigen Abbildungen in 1048 Einzeldarstellungen und 44 Tabellen.* 7., überarbeitete und ergänzte Auflage. Berlin, Heidelberg : Springer, 2018 (Springer-Lehrbuch)

[88] GOY, Florian ; NIEGL, Matthias ; BÖHLE, Maximilian: Evaluation of Steering Feel with Different Feedback Actuators in Driving Simulators. In: PFEFFER, Peter (Hrsg.): *13th International Munich Chassis Symposium 2022.* Berlin, Heidelberg : Springer Berlin Heidelberg, 2024, S. 82–99

[89] SINGER, Andreas: *Analyse des Einflusses Elektrisch Unterstützter Lenksysteme Auf das Fahrverhalten Im on-Center Handling Bereich Moderner Kraftfahrzeuge.* Wiesbaden : Springer Fachmedien Wiesbaden GmbH, 2020 (Wissenschaftliche Reihe Fahrzeugtechnik Universität Stuttgart Ser)

[90] MITSCHKE, Manfred: *Dynamik der Kraftfahrzeuge.* 5., überarb. u. erg. Aufl. 2014. Wiesbaden : Springer Vieweg, 2014 (VDI-Buch)

[91] ALXION: *ST Motors | Alxion.* URL https://www.alxion.com/en/moteurs-st. – Aktualisierungsdatum: 2024-10-22 – Überprüfungsdatum 2024-10-22

[92] *Reibung und Erwärmung | Schaeffler medias*. URL https://medias.schaeffler.de/de/friction-and-increases-in-temperature. – Aktualisierungsdatum: 2024-12-03 – Überprüfungsdatum 2024-12-03

Anhang

A.1 Fragebogen der Probandenstudien

Fragebogen Lenkung

Allgemein

Fragen zum Lenkverhalten und Lenkungsgefühl:

Wie schätzen Sie das gefahrene Fahrzeug bezüglich folgender Kriterien ein?

	extrem	sehr	ziemlich	mäßig	eher	eher	mäßig	ziemlich	sehr	extrem
Lenkmoment im Mittenbereich	niedrig					groß				
	1	2	3	4	5	6	7	8	9	10
Lenkmomentenverlauf beim Anlenken	flach					groß				
	1	2	3	4	5	6	7	8	9	10
Haltemoment	leicht					hoch				
	1	2	3	4	5	6	7	8	9	10
Mittengefühl & Zentrierung	gering					ausgeprägt				
	1	2	3	4	5	6	7	8	9	10
Ansprechen	langsam					schnell				
	1	2	3	4	5	6	7	8	9	10
Geradeauslauf/ Korrekturaufwand	gering					hoch				
	1	2	3	4	5	6	7	8	9	10
Rückmeldung	gering					ausgeprägt				
	1	2	3	4	5	6	7	8	9	10
Lenkungsstößigkeit	gering					ausgeprägt				
	1	2	3	4	5	6	7	8	9	10
Lenkwinkelbedarf	gering					hoch				
	1	2	3	4	5	6	7	8	9	10

Abbildung A.1: Fragebogen Allgemein angelehnt an [34]

A. Dieing, *Optimierung und Applikation des Lenkungs-Feedbacks in der Fahrsimulation unter Anwendung von künstlicher Intelligenz*, Wissenschaftliche Reihe Fahrzeugtechnik Universität Stuttgart, https://doi.org/10.1007/978-3-658-50559-2

Fragebogen Lenkung

Fragen zum Lenkverhalten und Lenkungsgefühl:

Wie schätzen Sie das gefahrene Fahrzeug bezüglich folgender Kriterien ein?

On-Center Bereich

Leerbereich	extrem	sehr	ziemlich	mäßig	eher	eher	mäßig	ziemlich	sehr	extrem
	klein					groß				
	1	2	3	4	5	6	7	8	9	10
Reibung	extrem	sehr	ziemlich	mäßig	eher	eher	mäßig	ziemlich	sehr	extrem
	klein					groß				
	1	2	3	4	5	6	7	8	9	10
Steifigkeit	extrem	sehr	ziemlich	mäßig	eher	eher	mäßig	ziemlich	sehr	extrem
	leicht					schwer				
	1	2	3	4	5	6	7	8	9	10
On-Center Verhalten/ Kraftaufwand	extrem	sehr	ziemlich	mäßig	eher	eher	mäßig	ziemlich	sehr	extrem
	schlecht					gut				
	1	2	3	4	5	6	7	8	9	10
Totband	extrem	sehr	ziemlich	mäßig	eher	eher	mäßig	ziemlich	sehr	extrem
	klein					groß				
	1	2	3	4	5	6	7	8	9	10
Fahrzeugantwort (Gain)	extrem	sehr	ziemlich	mäßig	eher	eher	mäßig	ziemlich	sehr	extrem
	klein					groß				
	1	2	3	4	5	6	7	8	9	10
Time Delay Lenkbefehl - Gieren	extrem	sehr	ziemlich	mäßig	eher	eher	mäßig	ziemlich	sehr	extrem
	schlecht					gut				
	1	2	3	4	5	6	7	8	9	10
On-Center Gefühl	extrem	sehr	ziemlich	mäßig	eher	eher	mäßig	ziemlich	sehr	extrem
	schlecht					gut				
	1	2	3	4	5	6	7	8	9	10

Abbildung A.2: Fragebogen On-Center-Bereich angelehnt an [57]

Fragebogen Lenkung

Fragen zum Lenkverhalten und Lenkungsgefühl:

Wie schätzen Sie das gefahrene Fahrzeug bezüglich folgender Kriterien ein?

←→

Allgemein	Lenkmoment im Mittenbereich	extrem	sehr	ziemlich	mäßig	eher	eher	mäßig	ziemlich	sehr	extrem
				niedrig					groß		
		1	2	3	4	5	6	7	8	9	10
	Lenkmomentenverlauf beim Anlenken	extrem	sehr	ziemlich	mäßig	eher	eher	mäßig	ziemlich	sehr	extrem
				flach					steil		
		1	2	3	4	5	6	7	8	9	10
	Stößigkeit	extrem	sehr	ziemlich	mäßig	eher	eher	mäßig	ziemlich	sehr	extrem
				gering					ausgeprägt		
		1	2	3	4	5	6	7	8	9	10
	Ansprechen	extrem	sehr	ziemlich	mäßig	eher	eher	mäßig	ziemlich	sehr	extrem
				langsam					schnell		
		1	2	3	4	5	6	7	8	9	10
	Rückmeldung	extrem	sehr	ziemlich	mäßig	eher	eher	mäßig	ziemlich	sehr	extrem
				gering					ausgeprägt		
		1	2	3	4	5	6	7	8	9	10
On-Center Bereich	On-Center Gefühl	extrem	sehr	ziemlich	mäßig	eher	eher	mäßig	ziemlich	sehr	extrem
				schlecht					gut		
		1	2	3	4	5	6	7	8	9	10
	Leerbereich	extrem	sehr	ziemlich	mäßig	eher	eher	mäßig	ziemlich	sehr	extrem
				klein					groß		
		1	2	3	4	5	6	7	8	9	10
	Reibung	extrem	sehr	ziemlich	mäßig	eher	eher	mäßig	ziemlich	sehr	extrem
				klein					groß		
		1	2	3	4	5	6	7	8	9	10
	Zentrierung	extrem	sehr	ziemlich	mäßig	eher	eher	mäßig	ziemlich	sehr	extrem
				gering					ausgeprägt		
		1	2	3	4	5	6	7	8	9	10

Abbildung A.3: Fragebogen für die Bewertung des Lenkgefühls am Stuttgarter Fahrsimulator für den Normalfahrer [34, 57]

A.2 Parameterwerte der Reibmodelle

Tabelle A.1: Parameter des Lund-Grenoble-Reibmodells

Parameter	Einheit	Wert
Borstensteifigkeit σ_B	N/mm	121
Dämpfungskoeffizient c_D	-	3
Stribeck-Formfaktor c_S	-	3
Viskoser Reibkonstante c_v	-	0,006
Statische Reibkraft F_S	N	28
Coulomb'sche Reibkraft F_C	N	2,6
Viskoser Reibkoeffizient ν	$N/(mm/s)$	264
Dämpfungsgeschwindigkeit τ_D	mm/s	52
Dämpfungsreibkoeffizient ν_D	-	4
Stribeck-Geschwindigkeit v_S	mm/s	6

Tabelle A.2: Parameter des ESF-Modells mit Maxwell-Element

Parameter	**Einheit**	**Wert**
Maximale Reibkraft ESF-Modell $F_{ESF,max}$	N	289
Maximale Reibkraft Maxwell Element $F_{M,max}$	N	20
Dämpfung des Maxwell-Elements d	Ns/mm	1443000
Federsteifigkeit ESF-Modell c_{ESF}	N/mm	103
Federsteifigkeit des Maxwell-Elements c_M	N/mm	1765371

Tabelle A.3: Parameter des ESF-Modells mit Tanh-Element

Parameter	**Einheit**	**Wert**
Maximale Reibkraft ESF Modell $F_{ESF,max}$	N	275
Maximale Reibkraft Tanh-Element $F_{tanh,max}$	N	220
Federsteifigkeit ESF-Modell c_{ESF}	N/mm	1
Steigungsfaktor Tanh-Element c_{tanh}	-	0,1

A.3 Auswertematrizen für Netzwerkkonfigurationen

Tabelle A.4: Hyperparameter der Sensitivitäts-Voruntersuchungen des Skalierungsnetzes

Hyperparameter \ Variante	Input 1			Input 2		
Layer 1	291	35	296	202	32	13
Layer 2	6	-	21	292	6	22
Layer 3	-	-	269	16	-	300
λ	4,2226e-6	3,3041e-10	8,0728e-10	1,1475e-6	2,9448e-10	6,4324e-05
Aktivierungsfunktion	Tanh	Sigmoid	ReLU	Tanh	Sigmoid	ReLU
RMSE	0,1776	0,17502	0,16218	0,19504	0,21699	0,20317
R^2	0,99	0,99	0,99	0,99	0,99	0,99
Hyperparameter \ Variante	**Input 3**			**Input 4**		
Layer 1	58	246	148	1	260	126
Layer 2	1	1	297	2	18	138
Layer 3	300	9	-	-	-	-
λ	0,00022247	1,0933e-09	3,2537e-08	6,3498e-10	2,9676e-10	2,8796e-10
Aktivierungsfunktion	Tanh	Sigmoid	ReLU	Tanh	Sigmoid	ReLU
RMSE	0,36058	0,37293	0,30695	0,43769	0,40496	0,40334
R^2	0,96	0,96	0,97	0,94	0,95	0,95

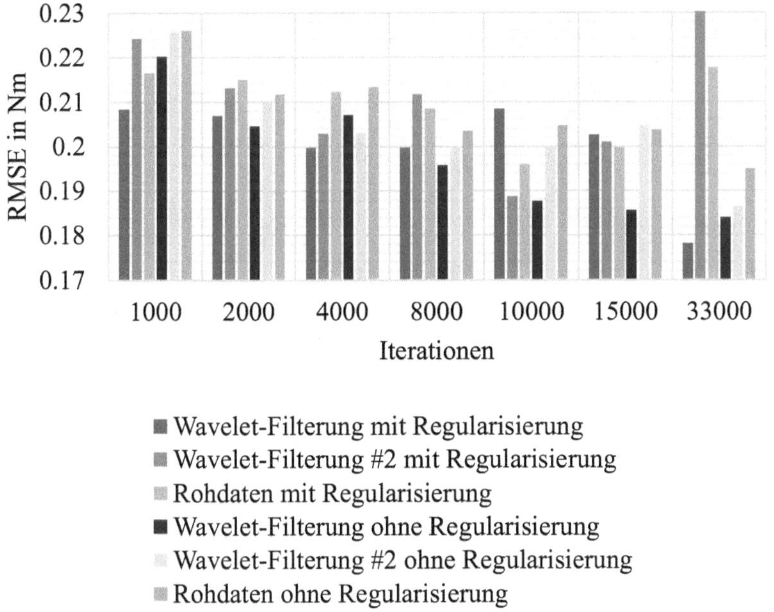

Abbildung A.4: RMSE für verschiedene Epochenlängen und Filterungen aus der Skalierungsnetz-Voruntersuchung

Tabelle A.5: Parameter der Datenfilterung

	Wavelet-Denoising „smooth“	Wavelet-Denoising „slight“
Wavelet-Familie	Symlets	Symlets
Wavelet-Filterlevel	4	4
Denoising-Methode	Universal Threshold	Empirical Bayes
Level	10	10
Threshold-Rule	Soft	Soft

Tabelle A.6: Korrelationsmatrix des Trainingsdatensatzes für das Skalierungsnetz

	δ_{STW}	$\dot{\delta}_{STW}$	I_{Motor}	M_{Modell}	M_{Soll}
δ_{STW}	1	0,0111	0,9440	0,9442	0,9478
$\dot{\delta}_{STW}$	0,0111	1	0,2544	0,2000	0,2070
I_{Motor}	0,9440	0,2544	1	0,9141	0,9391
M_{Modell}	0,9442	0,2000	0,9141	1	0,9584
M_{Soll}	0,9478	0,2070	0,9391	0,9584	1

Tabelle A.7: Wertebereich der Hyperparameter für die Bayes'sche Optimierung der Neuronalen Netze

Hyperparameter	Wertebereich
Anzahl der Hidden-Layer	1, 2, 3
Neuronen je Hidden-Layer	1-300
Regularisierungsstärke in Abhängigkeit der Beobachtungen n	$\frac{10^{-5}}{n} \leq \lambda \leq \frac{10^{5}}{n}$
Aktivierungsfunktion der In- und Output Layer	ReLU
Aktivierungsfunktion der Hidden-Layer	Tanh, Sigmoid, ReLU
Verlustfunktion	Quasi-Newton Approximation des Broyden-Fletcher-Goldfarb-Shannon Algorithmus (BFGS)
Akquisitions-Funktion	Expected Improvement
Iterationszyklen der Bayes'schen-Optimierung	30
Epochenlänge	500

Tabelle A.8: Ausgewählte Konfigurationskonstellationen für den Skalierungsalgorithmus-Ansatz

Konfiguration	Klassifikation	Filter Soll-Ausgang	Epochenlänge	Aktivierungsfunktion	Regularisierung
C8	#1	Wavelet	5000	ReLU	Ja
	#2	Wavelet	500	ReLU	Nein
	#3	Wavelet	400	ReLU	Nein
	#4	Wavelet	400	Tanh	Nein
C9	#1	Wavelet	500	ReLU	Nein
	#2	Wavelet	500	ReLU	Nein
	#3	Wavelet	400	ReLU	Nein
	#4	Wavelet	400	Tanh	Nein
C10	#1	Wavelet	5000	ReLU	Ja
	#2	Wavelet	500	ReLU	Ja
	#3	Forward-Backward	500	ReLU	Ja
	#4	Wavelet	500	Sigmoid	Ja
C14	#1	Forward-Backward	500	ReLU	Ja
	#2	Forward-Backward	500	Sigmoid	Ja
	#3	Forward-Backward	500	ReLU	Ja
	#4	Forward-Backward	500	Sigmoid	Ja
C03	Keine	Wavelet	500	Sigmoid	Ja
C05	Keine	Forward-Backward	500	Tanh	Ja

Tabelle A.9: Konfigurationsdefinition für Skalierungsnetz

Var.	Klassifikation#	Epochen	Filter	Standardisierung	λ	Normierung
C0 Physikalisches Lenkungs-Grundmodell						
C1	#1	500	wavelet	Nein	Ja	Ja
	#2	500	wavelet	Nein	Ja	Ja
	#3	500	wavelet	Nein	Ja	Ja
	#4	500	wavelet	Nein	Ja	Ja
C1	#1	500	wavelet	Nein	Ja	Ja
	#2	500	wavelet	Nein	Ja	Ja
	#3	500	wavelet	Nein	Ja	Ja
	#4	500	wavelet	Nein	Ja	Ja
C2	#1	500	wavelet	Ja	Ja	Ja
	#2	500	wavelet	Ja	Ja	Ja
	#3	500	wavelet	Ja	Ja	Ja
	#4	500	wavelet	Ja	Ja	Ja
C3	#1	500	wavelet	Ja	Nein	Ja
	#2	500	wavelet	Ja	Nein	Ja
	#3	500	wavelet	Ja	Nein	Ja
	#4	500	wavelet	Ja	Nein	Ja
C4	#1	500	fb	Nein	Ja	Ja
	#2	500	fb	Nein	Ja	Ja
	#3	500	fb	Nein	Ja	Ja
	#4	500	fb	Nein	Ja	Ja
C5	#1	500	fb	Ja	Ja	Ja
	#2	500	fb	Ja	Ja	Ja
	#3	500	fb	Ja	Ja	Ja
	#4	500	fb	Ja	Ja	Ja
C6	#1	500	fb	Ja	Nein	Ja

	#2	500	fb	Ja	Nein	Ja
	#3	500	fb	Ja	Nein	Ja
	#4	500	fb	Ja	Nein	Ja
C7	#1	5000	wavelet	Ja	Ja	Ja
	#2	500	wavelet	Ja	Ja	Ja
	#3	400	wavelet	Ja	Ja	Ja
	#4	400	wavelet	Ja	Ja	Ja
C8	#1	5000	wavelet	Ja	Ja	Ja
	#2	500	wavelet	Ja	Ja	Ja
	#3	400	wavelet	Ja	Ja	Ja
	#4	400	wavelet	Ja	Ja	Ja
C9	#1	5000	wavelet	Ja	Nein	Ja
	#2	500	wavelet	Ja	Nein	Ja
	#3	400	wavelet	Ja	Nein	Ja
	#4	400	wavelet	Ja	Nein	Ja
C10	#1	500	wavelet	Ja	Nein	Ja
	#2	500	wavelet	Ja	Nein	Ja
	#3	400	wavelet	Ja	Nein	Ja
	#4	400	wavelet	Ja	Nein	Ja
C11	#1	1000	wavelet	Nein	Ja	Ja
	#2	1000	wavelet	Nein	Ja	Ja
	#3	1000	wavelet	Nein	Ja	Ja
	#4	1000	wavelet	Nein	Ja	Ja
C12	#1	2000	wavelet	Nein	Ja	Ja
	#2	2000	wavelet	Nein	Ja	Ja
	#3	2000	wavelet	Nein	Ja	Ja
	#4	2000	wavelet	Nein	Ja	Ja
C13	#1	2000	wavelet	Nein	Ja	Ja
	#2	2000	wavelet	Nein	Ja	Ja

	#3	2000	wavelet	Nein	Ja	Ja
	#4	2000	wavelet	Nein	Ja	Ja
C14	#1	2000	wavelet	Nein	Ja	Ja
	#2	2000	wavelet	Nein	Ja	Ja
	#3	2000	wavelet	Nein	Ja	Ja
	#4	2000	wavelet	Nein	Ja	Ja
C15	#1	10000	wavelet	Nein	Ja	Ja
	#2	10000	wavelet	Nein	Ja	Ja
	#3	10000	wavelet	Nein	Ja	Ja
	#4	10000	wavelet	Nein	Ja	Ja
C01	#1 bis #4	500	wavelet	Nein	Ja	Nein
C02	#1 bis #4	500	wavelet	Nein	Ja	Ja
C03	#1 bis #4	500	wavelet	Ja	Ja	Ja
C04	#1 bis #4	500	fb	Nein	Ja	Nein
C05	#1 bis #4	500	fb	Nein	Ja	Ja
C06	#1 bis #4	500	fb	Ja	Ja	Ja

Tabelle A.10: Korrelationsmatrix des Trainingsdatensatzes für das Adaptionsnetz

	δ_{STW}	$\dot{\delta}_{STW}$	M_{Modell}	ΔM_{Soll}
δ_{STW}	1	0.9846	0.6278	0.3510
$\dot{\delta}_{STW}$	0.9846	1	0.5453	0.2980
M_{Modell}	0.6278	0.5453	1	0.1177
ΔM_{Soll}	0.3510	0.2980	0.1177	1

Tabelle A.11: Korrelationsmatrix für den Adaptionsalgorithmus für den Optimierungs-Datensatz

	δ_{STW}	M_{Modell}	ΔM_{Soll}
δ_{STW}	1	0,6549	0,1439
M_{Modell}	0,6549	1	0,0981
ΔM_{Soll}	0,1439	0,0981	1

Tabelle A.12: Hyperparameter des optimierten Adaptionsnetzes A2

Bezeichnung	Eigenschaft
Hidden-Layer	[20, 16, 8]
Aktivierungsfunktion der Hidden-Layer	Tanh
Regularisierungsstärke	$\lambda = 9{,}7523 \cdot 10^{-9}$
Epochenlänge	500
Datensatz	Ungefiltert, normiert und standardisiert

Tabelle A.13: Eigenschaften der hybriden Modelle als "Optimum"- und "Performance"-Variante

Eigenschaft	Optimum (Hidden-Layer, Epochenlänge, Filtermethode, Aktivierungsfunktion)	Performance (Hidden-Layer, Epochenlänge, Aktivierungsfunktion)
Klassifikationsnetz #1	5000, wavelet, ReLU, standardisiert, regularisiert 500, wavelet, standardisiert, regularisiert 5000, wavelet, ReLU, standardisiert, regularisiert 500, forward-backward, standardisiert, regularisiert	500, forward-backward, normiert, nicht standardisiert, regularisiert
Klassifikationsnetz #2	500, wavelet, standardisiert, nicht regularisiert 500, wavelet, standardisiert, nicht regularisiert 500, wavelet, standardisiert, regularisiert 500, forward-backward, standardisiert, regularisiert	
Klassifikationsnetz #3	400, wavelet, standardisiert, nicht regularisiert 400, wavelet, standardisiert, nicht regularisiert 500, forward-backward, standardisiert, regularisiert 500, forward-backward, standardisiert, regularisiert	
Klassifikationsnetz #4	400, wavelet, standardisiert, nicht regularisiert 400, wavelet, standardisiert, nicht regularisiert 500, wavelet, standardisiert, regularisiert 500, forward-backward, standardisiert, regularisiert	
Adaptionsnetz	500, roh, standardisiert, regularisiert, Tanh	500, roh, keine Standardisierung, keine Regularisierung
Robustheitsfilter	100, Eingang roh, nicht standardisiert, nicht regularisiert	
Gemitteltes Gütemaß		
Testdatensatz #1	0,8938	0,8893
Testdatensatz #2	0,9273	0,9188
Testdatensatz #3	0,9309	0,9247
Testdatensatz #4	0,9280	0,9270
Gemitteltes Effizienzmaß		
Testdatensatz #1	0,9216	0,8824
Testdatensatz #2	0,9867	0,9843
Testdatensatz #3	0,9911	0,9890
Testdatensatz #4	0,9912	0,9922

A.4 Ergebnisse von Vor- und Abschlussstudie am Stuttgarter Fahrsimulator

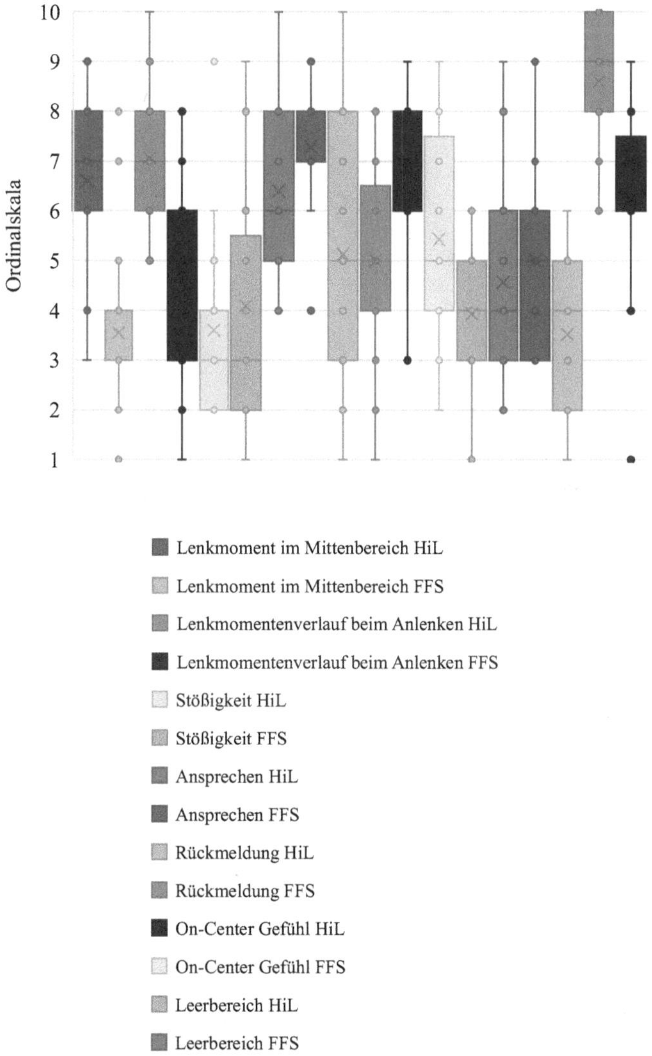

Abbildung A.5: Ergebnisse des Fragebogens von Vorstudie (HiL) und Abschlussstudie (FFS)

Kolibri 360 GmbH
Ferdinand-Jühlke-Straße 7
99095 Erfurt, Deutschland
produktsicherheit@kolibri360.de